［続］
わたしの
植物手帖
―植物の名前の由来めぐり―
下山寅雄

オオバナノエンレイソウの大群落。
2016年5月　北海道帯広郊外の六花の森にて。

まえがき

　先の「わたしの植物手帖」の作成の後も、電動車椅子で自宅のある練馬周辺の植物の写真を撮り続けました。

　また毎年5月から8月にかけて1か月ほど、北海道の帯広市近郊に滞在する機会があり、北海道の植物を写真に撮りました。北海道は人家の近くは開拓が進み、自然林はほとんどなく、あったとしても車椅子では入れないので、手入れされた公園や公園化した植林地で撮ることしかできませんでした。植物の様子は月々で異なり、5月初め、樹木の芽吹きの時期は一番の見頃です。雑木林の下に一面に咲くオオバナノエンレイソウの群落などは、本州では見られないような見事な景色です。7、8月へと咲く花の種類は移っていきますが、訪ねた時期が早すぎたり遅すぎたりして、ついにオトギリソウとレンゲショウマの写真は撮り損ないました。花の写真は先ず巡りあわせ、そして、バックというか周辺の環境によるものだと思います。

　若い頃、長野県の菅平周辺で撮ったスライド写真も捨てがたく、何枚か使ってみました。

　体が不自由で、思うように撮れないので、不満足な写真しか撮れませんが、唯一の楽しみの結晶として、続編を編むことにしました。今回は前にもまして編集に北村様のお力をお借りしました。ここに厚くお礼申し上げます。

下山寅雄

目次

■ア

アカバナユウゲショウ	8
アカメガシワ	9
アカメモチ	10
アキカラマツ	11
アキノキリンソウ	12
アキノノゲシ	13
アケビ	14
アスパラガス	15
アズマイチゲ	16
アネモネ	17
アマナ	18
アメリカイワナンテン	19
アメリカセンダングサ	20
アメリカフウロ	21
アレチヌスビトハギ	22
イケマ	23
イシミカワ	24
イソギク	25
イヌガラシ	26
イヌタデ	27
イヌビユ	28
イヌホウズキ	29
イノコズチ	30
イブキジャコウソウ	31
イワシャジン	32
ウメバチソウ	33
エゾウスユキソウ	34
エゾエンゴサク	35
エゾオオサクラソウ	36
エゾカンゾウ	37
エゾキスゲ	38
エゾクガイソウ	39
エゾグンナイフウロ	40
エゾチドリ	41
エゾニュウ	42
エゾノリュウキンカ	43
エゾハナシノブ	44
エゾミソハギ	45
エノキグサ	46
エノコログサ	47
オウゴンヒヨクヒバ	48
オオバナノエンレイソウ	49
オカトラノオ	50
オトギリソウ	51
オドリコソウ	52
オニタビラコ	53
オヒシバ	54

■カ

ガガイモ	55
カタバミ	56
ガマズミ	58
カモジグサ	59
カラスノエンドウ	60
カラマツソウ	61
カルミヤ	62
キクザキイチリンソウ	63
キクニガナ	64
キササゲ	65
ギシギシ	66
キスゲ	67
キツネノマゴ	68
キュウリグサ	69
キンラン・ギンラン	70
クサタチバナ	71
クサノオウ	72
クサレダマ	73
クロユリ	74
クワ	75
クワクサ	76
グンナイフウロ	77

ゲッケイジュ	78
ゲンノショウコ	79
コウヤボウキ	80
コウリンカ	81
コウリンタンポポ	82
コトネアスター	83
コニシキソウ	84
コノテガシワ	85
コマクサ	86

■サ

サギソウ	87
サネカズラ	88
サラシナショウマ	89
サワギキョウ	90
サンショウ	91
シオン	92
ジシバリ	93
シデコブシ	94
シマスズメノヒエ	95
シモバシラ	96
ジャカランダ	97
シャク	98
シライトソウ	99
シラカンバ	100
シラタマホシクサ	101
シラネアオイ	102
シラヤマギク	103
シラン	104
シロザ	105
シロヨメナ	106
スイカズラ	107
スズメノヤリ	108
スズラン	109
スノードロップ	110
スミレ	111
セイヨウスグリ	112

セイヨウフウチョウソウ	113
ゼニアオイ	114
センダイハギ	115
ソヨゴ	116

■タ

ダイオウマツ	117
タカサゴユリ	118
タケニグサ	119
タツナミソウ	120
タニウツギ	121
タネツケバナ	122
タラノキ	123
ダンギク	124
ダンコウバイ	125
チガヤ	126
チゴユリ	127
チチコグサ	128
チヂミザサ	129
ツユクサ	130
ツリガネニンジン	131
ツリフネソウ	132
ツルレイシ	133
テイカカズラ	134
トキワハゼ	135
トキワマンサク	136
ドクウツギ	137
トクサ	138
トモエソウ	139
トリカブト	140
トリトマ	141
トロロアオイ	142

■ナ

ナガミヒナゲシ	143
ナナカマド	144
ナンテンハギ	145

ニガナ	146
ニセアカシア	147
ニワゼキショウ	148
ヌスビトハギ	149
ネコヤナギ	150
ネナシカズラ	151
ノイバラ	152
ノキシノブ	153
ノゲシ	154
ノコンギク	155
ノビル	156
ノボロギク	157

■ハ

バイケイソウ	158
ハイネズ	159
ハキダメギク	160
ハクチョウゲ	161
ハゼラン	162
ハナノキ	163
ハマギク	164
ハマナシ	165
ハルジオン	166
ヒイラギナンテン	167
ヒマラヤの青いケシ	168
ヒマラヤユキノシタ	169
ヒメオドリコソウ	170
ヒメジョオン	171
ヒメスイバ	172
ヒメツルソバ	173
ヒメムカシヨモギ	174
ヒメリンゴ	175
ヒュウガミズキ	176
ヒヨドリジョウゴ	177
ヒヨドリバナ	178
ヒルガオ	179
ヒルザキツキミソウ	180

フクシア	181
ブタクサ	182
フッキソウ	183
プルメリア	184
ヘクソカズラ	185
ベニバナイチヤクソウ	186
ベニバナインゲン	187
ベニバナヤマシャクヤク	188
ヘビイチゴ	189
ヘラオオバコ	190
ホウキギ	191
ホウチャクソウ	192
ホザキマンテマ	193
ホソバウンラン	194
ホタルカズラ	195

■マ

マイヅルソウ	196
マツヨイグサの仲間	197
マムシグサ	198
マルバフジバカマ	199
ミズバショウ	200
ミゾソバ	201
ミツガシワ	202
ミミナグサ	203
ミモザアカシア	204
ムシトリナデシコ	205
ムラサキケマン	206
ムラサキハナナ	207
メヒシバ	208

■ヤ

ヤエムグラ	209
ヤクシソウ	210
ヤグルマギク	211
ヤハズソウ	212
ヤマハハコ	213

ユーカリノキ……………………214
ユウゼンギク……………………215
ユキザサ…………………………216
ユスラウメ………………………217
ヨツバヒヨドリ…………………218

■ラ
リュウノウギク…………………219
ルコウソウ………………………220
レンゲショウマ…………………221

■ワ
ワスレナグサ……………………222
ワルナスビ………………………223

アカバナユウゲショウ　アカバナ科

「アカバナ」は夏から秋にかけて葉が紅色を帯びることによる。花が赤いことではない。白花種もある。「ユウゲショウ」はオシロイバナの俗称でもあるので、これと区別するために「アカバナ」とつけている。

2018年4月　練馬

マツヨイグサの仲間。北米から南米が原産地。明治時代に園芸植物として導入されたが野生化して近年都会に急速に繁殖している。道端や空き地に分布を拡大し、雑草化している。濃いピンクの小花をつける。白色花もあるが、名前はアカバナユウゲショウのままである。名前はユウゲショウでも、実際は昼間から咲いている。

2015年5月　練馬

アカメガシワ（ゴサイバ）　トウダイグサ科

赤芽柏と書く。春に紅赤色の新芽を出すことから、こうよばれる。昔は食物を盛る葉はすべてカシワと呼んでいた。五菜葉または菜盛葉の名は、食物をこの葉に載せたことによる。

花　2013年6月　練馬

秋田県以南の山野に普通に見られる落葉高木で、雌雄異株。夏に円錐状に淡黄色の小花を多数つける。芽立ちと展開後の葉は赤く美しいので、切り花に適していると思われるが、あまり利用されていないようだ。枝が粗いので庭木には適さない。したがって公園緑地に特に植栽されることもない。自然実生樹が多いようである。

芽立ちの頃　2016年4月　練馬

アカメモチ（カナメモチ、ソバノキ）バラ科

新芽が赤いモチノキという意味。カナメモチの「カナメ」は、アカメの転訛であるという。ソバノキはソバのごとく白い花が咲く様子による。

東海地方以西、四国、九州の暖地に生える常緑性の小高木。よく生垣として人家に栽培される。新葉は紅色を帯びて美しい。成長して緑色になったら剪定するとまた赤い新芽を出すので生け垣にはもってこいである。近年品種改良でより赤い品種が作られ、普及している。

剪定後の再芽吹　2015年10月　練馬

2015年3月　練馬

アキカラマツ　キンポウゲ科

　秋唐松と書く。花は秋に咲き、おしべが糸状に花弁のようになり、線香花火のように見え、その様子が落葉松の葉にも似ているので、アキカラマツという。

　高原や山野に見られる野生の多年生草本。茎は直立し、上部は盛んに分枝し、葉は互生。3～5枚の小葉で構成されている。晩夏から初秋にかけ、茎の先に淡黄色の小花を無数につける。花弁はない。雄しべの多数の花糸は糸状。アキカラマツの仲間には、アキカラマツよりやや花期が早く、花の上部が平らになるように咲くカラマツソウなど多数ある。

2015年8月　北海道

2016年8月　北海道

アキノキリンソウ（アワダチソウ）キク科

　黄色い花が咲く草木を一律にキリンソウとよんだが、その中で秋早々に咲くのでアキノキリンソウとよんだ。アワダチソウ（泡立ち草）は、豊かに盛り上がる花の集まりを、酒を醸した時の泡に見立てたものである。

　日本全国に分布する多年草。草原の植物であるが低地では雑木林や林縁の草地に生える。茎は直立し、葉は楕円形で、茎に互生する。晩夏から秋にかけて、黄色の頭花を多数つけ、花びらに見えるのは舌状花で、花の中心部には筒状花があり、茎の上部で枝分かれし、各枝先に花が半球形に集まる。

　亜種に高山に生えるミヤマアキノキリンソウ、本州北部から北海道の海岸に生えるオオアキノキリンソウがある。

2015年8月　北海道

アキノノゲシ　キク科

　秋の野芥子と書く。秋に咲き、葉の形がケシ科のアザミゲシに似ていることからアキノノゲシという。

　北海道から沖縄まで分布する。適応性が強いやや大型の一年生または越年草。茎は直立、葉は羽状で深裂。茎も葉も切ると白い乳液が出る。属名 Lactuca は乳の意のラテン語。

　秋に梢は分枝し、淡黄色の頭状花をつける。花は日中だけ開き、夕方はしぼんでしまう。冠毛は白い。食用のレタスやサラダ菜は同族で、花はアキノノゲシによく似ている。

2016年10月　練馬

2016年10月　練馬

アケビ（アケビカズラ） アケビ科

名前の由来には諸説がある。

①果実が熟すると縦に大きく割れて、白い肉が現れるから、開け実（あみ）が転じてアケビ。

②あくび（欠伸）で、口を開いた多肉果の様子。

2015年11月　練馬

③ムベは果実が割れていない。アケビはムベと同じような果実の形をして、割れて中身が見える。ムベはもとウベといわれていたのでアケウベと呼んだが、転じてアケビとなったという。

④アカミ（赤実）の転。

山野に普通にみられる落葉つる性低木植物である。家庭でも垣根に横に這わせて栽培している。葉は楕円形の5小葉が車輪状に着く。3枚のものもある。4月ごろ新葉と共に淡紫色の花を開く。雌雄同株。液果は長さ6cm内外の太い長楕円形。果肉は厚く、熟すると縦に開いて黒色の種子を含んだ白い果肉が現れる。果肉は、甘く食べられる。

2016年4月　練馬

アスパラガス（オランダキジカクシ、マツバウド）ユリ科

アスパラガスは属名 Asparagus による。はなはだしく裂けるという意味のギリシャ古名で、細かく分かれる枝葉の様子から。オランダキジカクシは欧州渡来のキジカクシの意。キジカクシは日本に野生しているアスパラ属の植物。マツバウドは細い葉状枝を松葉、多肉の若茎をウドに例えていう。

2015年10月　練馬

欧州の原産で食用のために栽培する多年生草本。地上部は1年で枯れる。根茎は短く固まっている。茎は円柱形で緑色。直立。若い茎は非常に多肉で太い。この状態をそのまま、または軟白化して食用にする。夏、緑黄色の小さい花をつける。雌雄異株。

2014年9月　練馬

アズマイチゲ　キンポウゲ科

　東一華と書く。東日本で発見され、花が一つしか咲かないので、こう名付けられた。その後北海道から九州まで日本各地にも分布していることが判明した。

　丘陵のナラ、クヌギなどの雑木林に多く見られる多年草。花弁状になっているがく片は、10〜12枚ぐらいでキクの花のように並ぶ。中心には多くの雄しべや雌しべがある。花色は普通白で、時にわずかに淡紫色を帯びる。

2017年5月　北海道

2017年5月　北海道

アネモネ　キンポウゲ科

　属名の Anemone による。ギリシャ語の anemos は風のよく当たるところに生育するという意味。

　原産地は地中海沿岸で球根性の多年草。4～5月ごろ茎の頂に直径約5cmの花を1個つける。花弁はなく、がくは4枚以上で花弁状となる。花色は白、赤、紫、藍等で八重咲もある。花壇や切り花の人気種である。乾燥した球根は上下が不明瞭であるが、平らな方が発芽部で尖っている方が根部である。植えつけのとき逆に植えると生育が悪い。球根の上下が不明瞭な時は垂直に立てて植えること。

2013年5月　練馬

2013年5月　練馬

2015年3月　練馬

アマナ（ムギクワイ）ユリ科

　甘菜の意味で、球根（鱗茎）を煮て食べると甘みがあって食用になることから。別名ムギクワイは鱗茎の形からクワイの名が付いたが、「ムギ」の方は麦畑に野生することをいうのか、または葉の細さをムギに例えたのかはっきりしない。

　日当たりの良い原野に生える多年生草本。鱗茎は卵円体で長さ1.5～2cmあり、葉は2枚根元から出て地面際で平開し、4月に花茎を1本、まれに2本出し、中ほどに葉状包を2～3枚つけ、先に白い花をつける。夏に入ると地上部は枯死する。

2013年3月　赤塚

アメリカイワナンテン　ツツジ科

岩南天と書く。岩上に生え、葉がナンテンの葉に似ていることによる。イワナンテンは関東、東海、近畿の山地に生える常緑低木で、普通岩につき、枝はしだれる。北米原産のアメリカイワナンテンは大正10年

2015年10月　練馬

（1922）鈴木吉五郎が輸入した。枝は垂れて、株元からよく枝を出して地面を覆う。葉は互生。厚く艶がある。春、葉腋に白色花を開花。近年グランドカバーとして用いられる。殊に園芸種の斑入り種をフェンスに絡ませたり、吊り鉢や高いところから垂れ下がらせるように用いている。秋に紅葉したものが美しいので、秋冬に切り枝が使われる。

2015年5月　練馬

アメリカセンダングサ（セイタカウコギ）キク科

葉がセンダンという木の葉に似ていたのでアメリカから来たセンダンに似た草でアメリカセンダングサと名付けた。セイタカウコギは丈の高いウコギの意。

北米原産で大正期に渡来した帰化植物。日本各地の道端や空き地に生育する一年生草本。茎は濃紫色で150cm位高くなる。葉は枝分かれして多数の小葉となる。秋、茎先に着く頭花は黄色い筒状花をつける。成熟した実は細長く、先の方に2個の鉤を持つ種子が球状に集まり、動物や衣服にかぎでくっついて種子を分散させ、繁殖力の強い植物である。

2015年11月　練馬

2015年10月　練馬

アメリカフウロ　フウロソウ科

　風露草と書く。花や葉の露が風に揺れて美しい草の意。また周囲が木で囲まれている草刈り場を「ふうろ野」と呼び、ふうろ野に生える草の意であるとも言われる。アメリカから来たフウロソウである。

　北アメリカの原産で昭和初期に渡来し、現在は本州、四国、九州の道端や草地、空き地などに雑草として繁殖している。茎は地面に伏したり多少直立し、枝分かれしている。ゲンノショウコによく似た葉でより切込みが深く、花は小さめの淡紫色。種子もゲンノショウコと同じようにさやが裂開して種子を弾き飛ばす。繁殖力の強い雑草の一つである。

2015年5月　北海道

アレチヌスビトハギ　マメ科

ヌスビトハギは実の形がこっそり爪先で歩く泥棒の足跡に似ていて、花がハギの花に似ていることから名付けられた。また一説には果実にかぎ型の毛が密生していて、そばを通る動物や衣服に知らぬうちに付くので、盗人が目星をつけた人にとりつくことに似ていることからこの名が付いたという。

北米原産の帰化植物である。最近都会ではヌスビトハギは減少し、外来のアレチヌスビトハギが増加している。見分け方は豆のさやのような実の数が在来種は二つなのに対して４～６つなので見分けやすい。

2015年10月　練馬

2015年10月　練馬

イケマ　ガガイモ科

　アイヌ語で神の脚という意味。アイヌは太い根を矢毒や邪気払いの呪法にも使い、カムイ・ケマ（神の脚）と言った。この呼び名からイケマになった。

　北海道から九州まで広く分布。山地の草藪、森のへりなどに自生する多年生つる植物。つるは2～5mにも伸びる。傷をつけると白汁を出す。アルカロイドを含み有毒である。葉はハート形で対生。花は7～8月小さな白花が団子状に集まって咲く。根は肥厚し有毒。根をかむと強い臭気がある。アイヌはこの臭気を口から吹きかけ邪気払いの儀式を行う時に使い、また獣を捕る為矢毒にも使った。この根は利尿などの薬効があり漢方では牛皮消の名がある。

2016年8月　北海道

イシミカワ　タデ科

　この植物のつる葉は骨折の場合に膠のごとく骨を接ぐ。骨を石のごとくつけるので石膠（イシニカワ）がイシミカワと訛ったとか、大阪の石美川で生育していたからとか、名前の由来は諸説あるが不明。

2015年11月　練馬

　日本各地の田のふちや道端、草地などに生える一年生草本。茎は細く長く伸び、木や垣根に絡みつく。茎には逆向きのとげがあり他物に引っ掛かり伸長する。葉は互生。葉柄、葉身のうらにも一列の逆向きのとげがある。秋、枝先に淡緑白色の小さな花をつけるが目立たない。果実は目だって美しく、神楽の鈴状になり、黄緑→白→薄青→濃紫色の順にカラフルに熟す。これを俗にトンボノカシラという。

2016年8月　練馬

イソギク　キク科

　磯菊と書く。海岸の岩石の多い岩場に生える菊の意。

　関東及び東海地方の海岸の崖に生える多年草。細長い地下茎があり、茎が根元から群がり出て、下部で曲がって立ち上がる。葉は密に互生し、

2014年10月　箱根

上面は緑色であまり毛がなく、下面およびへりは銀白色の毛が密生している。質はやや厚い。秋に黄色の小頭花を開く。花冠は普通管状花だけからなる。古くから栽培されて、菊人形づくりなどに利用されている。白色の舌状花を持つものをハナイソギクといい、栽培されている。

2014年10月　箱根

イヌガラシ　アブラナ科

　牧野博士は雑草で食用にならないカラシの意として「犬芥子」と言うが、高橋勝雄氏は、犬は普通植物の名前の前につけて役に立たないという意味で使われているが、この場合は別でイヌは「犬」ではなくて「否（いな）」とした方が妥当だと考えると言う。「否」とは似ているが本物とは異なるという意味で、"もどき"に相当する言葉と言っていいだろうという。辛くない、食用にならないの意。

　道端、庭園等に生える多年生草本。根は白色で強く、深く地中に入る。はじめ根生葉を束生する。春から夏に枝先直立し、黄色十字状花を開く。本種に似てやや小型のものをミチバタガラシといい、各地の道端に生える。

2015年4月　練馬

イヌタデ（アカマンマ）タデ科

2015年10月　練馬

　タデは辛味で口の中がただれることから。イヌは辛味がなく、人間の役に立たないの意。アカマンマは赤い粒のような花をばらばらにして赤飯に見立てて遊んだことから。イヌタデの方がよく見かけられてなじみ深いので、辛くてタデ酢などに用いられるタデはホンタデ（正式にはヤナギタデ）と呼んで区別される。

　日本各地及び朝鮮半島、中国などの温帯から熱帯に分布。日本には古代に帰化したもの。1年草。茎の下部は地を這って分枝し、上部は直立し、葉は互生。分枝した茎の先に小さな花を穂状にたくさんつける。花には花弁がなく紅色をしている。近種のヤナギタデに似ているが、イヌタデには葉に辛味がない。サクラタデは辛味があり、刺身のツマに用いられる。

2015年8月　北海道

イヌビユ　ヒユ科

　ヒユは「冷ゆ」に由来するとされる。食べると体が冷えるという意味である。イヌがついて人間の役に立たない雑草の意。

　ヒユはインド原産で古い時代に大陸から渡来した野菜で、畑に栽培、若菜を食用とし、種子は眼病に薬効があるという。しかし今はほとんど見られない。イヌビユは江戸時代以前の古い時代に日本に伝わった一年生草本で、全体が柔らかく、葉は互生。夏から秋にかけ茎の先と葉腋に多数の緑褐色の細かい花を集めてつけ、茎の先では花は1個の花穂を形作る。花には花びらがなく、がく片を色づかせているので色あせることがなく、色を保つことができる。元来は雑草であるが若葉を食べるところもある。

2015年10月　練馬

イヌホウズキ ナス科

　イヌは普通植物の名前の前につけて役に立たないという意味で使われている。ホウズキに似ているが役に立たないのでイヌホウズキという。高橋勝雄氏は、イヌは犬ではなくて、イナがイヌに転訛したという。

2015年10月　練馬

　日本へは有史以前に入ってきた史前植物、または放浪植物ともいわれる。南北両半球の熱帯から温帯に広く分布。畑や道端などに見られる一年生の有毒植物。茎は枝分かれして横に広がり、葉は互生。夏から秋にかけ白色花を開き果実は緑色球形、熟すと黒色となる。最近帰化したアメリカイヌホウズキもある。花枝が一か所から多く出る点や、花が稀に淡紫色であり、身に光沢がある点で別されるが、両種の区別は難しい。都市部で多くはびこっている。

2015年10月　練馬

イノコズチ ヒユ科

　牧野博士は「豕槌」で、節の太い茎を豕の脚の膝頭に見立てて名付けたと言う。高橋勝雄氏は、秋になると実は猪にくっついて広がる。実を子に見立てて「猪の子つき」がイノコズチに変わったと言う。またイノ

2014年9月　練馬

シシの子の体にこの植物の果実がよく付くので「猪の子付き」説もある。
　山野、道端などに生える多年生草本。茎は大形。断面は正方形で硬く節は太い。葉は対生。夏から秋にかけ茎の先や葉腋に細長い花軸を出し、淡緑色の小さい花をつける。花後花弁状のがく片は閉じ、実を包み、その外側の小苞葉が刺状で動物の毛や衣服について運ばれる。

2015年9月　練馬

イブキジャコウソウ　シソ科

　伊吹麝香草と書く。滋賀県の伊吹山で見つかり、茎葉をもむと麝香の芳香を感じさせるため。麝香はジャコウジカのジャコウ嚢からつくられた香料。

　山地や高原の日当たりの良い岩地に生える小形の常緑低木である。茎は細く地上を這い、多数の枝を出し、葉は対生。6～7月ごろ枝先に淡紅色の小形の唇形花を密につける。茎葉をもむと芳香がある。開花時に全草を乾燥したものを薬用、香料用に用いる。

　園芸種にタチジャコウソウ、別名タイム（属名）があり、近年各地の植物園の傾斜地や、ガーデンのふちどりなどに栽培されている。暑さ寒さ病虫害にも強いので繁茂している。

スライドより

イワシャジン（イワツリガネソウ）キキョウ科

　渓谷沿いの岩場に自生し、根がツリガネニンジン（シャジン）に似ているのでこの名が付いた。ツリガネニンジンの根を乾燥させた漢方薬は沙参といい健胃薬。
　関東西部から中部東南部に分布。沢沿いの岩場に自生する。葉は細い茎に互生し、細長く弧を描くように垂れ下がる。花は青紫色の釣鐘形で多数つき、しだれる。

2014年10月　箱根

ウメバチソウ　ユキノシタ科

　梅鉢草と書く。花の形が梅鉢の紋に似ているから。

　暖帯から寒帯に分布している植物で、日本各地の山のふもとや高山の日当たりの良い湿地に生える多年生草本。根茎は短く太い。根生葉はかたまってつき、長い柄があり、円形または腎臓形。花は夏から秋に花茎を伸ばし、円形の葉が1枚付き茎を抱く。花は白色で一重のウメの花のようだ。高山の雪渓付近などに生える丈の低いコウメバチソウ（エゾウメバチソウ）がある。

2014年10月　箱根

エゾウスユキソウ（レブンウスユキソウ）キク科

　蝦夷薄雪草と書く。北海道に自生することから。礼文ウスユキソウは礼文島に自生するから。ウスユキソウは茎や葉が淡白色の毛におおわれているのを薄く積もった雪に例えたもの。

　北海道の岩場に生育する。草丈10〜35cm位で茎は叢生する。花びらにみえるのは苞で、中心に数個の小花をかたまってつける。近種に本州北部の早池峰山高山帯の岩場に生えるハヤチネウスユキソウがある。エーデルワイスはヨーロッパアルプスに咲くウスユキソウの仲間である。

　写真は箱根仙石原の植物園で撮影したもので、本州には自生種がないので植物園で種子より栽培されたか栽培種を植えたものであろう。

2015年5月　箱根

エゾエンゴサク　ケシ科

　蝦夷延胡索と書く。「エンゴサク」は中国名そのままで、昔、薬用植物として入ってきた名を用いている。北海道のエンゴサクの意。

　関東地方の原野や山麓に見かける多年草ジロボウエンゴサクより少し

2016年5月　北海道馬

大形の仲間。北海道、東北地方の山の林下に生える多年草。地中に径1.5cm位の塊茎があり塊茎より茎が1本出る。茎には2枚の葉をつける。春濃青紫色まれに白色の花を密につける。

　球根（塊茎）を蒸してから日光で乾燥させたものを漢方で延胡索といい、生理痛、浄血、鎮痛などに薬効があるという。

2017年5月　北海道

エゾオオサクラソウ　サクラソウ科

　蝦夷大桜草と書く。サクラソウに比べて草姿が大形なのでオオサクラソウ。北海道に見られるのでエゾオオサクラソウ。オオサクラソウの変種で、葉柄及び花茎の下部に縮れ毛が目立って多いことにより、母種と区別される。

　北海道の半日陰の湿地に生える多年草。葉は根生し、長い柄がある。春から夏に葉より高く伸びた花柄の先に紅紫色のサクラソウに似た花を輪状に1～2段つける。

2017年5月　北海道

　白馬山ろくに伝わる物語に、娘が悪魔に食い殺され、その生血が大雪渓から白馬岳にかけて点々と続いた。それから幾年か経て、ここに血潮色の可憐な高山植物が咲いた。これこそがオオサクラソウだという。

2017年5月　北海道

エゾカンゾウ（ニッコウキスゲ、エゾゼンテイカ）ユリ科

　萱草とは昔中国でこの草を見て憂いを忘れたという故事に基づくといわれている。ニッコウキスゲは葉の姿を見るとスゲの仲間のようで、花は黄色を帯び、栃木県の日光に群生していたのでこの名で呼ばれた。ゼンテイカの名の起こりは不明。

2018年6月　北海道

　近畿以北から北海道に自生する多年草。初夏、40〜70cmの花茎を1本出し、先端で分枝して数個の花をつける。花は朝に開花、夕にしぼむ。果実は2〜3cmの楕円形で3稜があり、先端はくぼむ。

2018年6月　北海道

エゾキスゲ（ユウスゲ）ユリ科

葉が細長くスゲの葉に似ていて、黄色の花が咲くのでキスゲと名付けられた。北海道のキスゲの意。ユウスゲは夕方開花するスゲ。

山地や高原の草原に自生する多年草。花色は高原や北地に行くほど鮮黄色を帯びる。エゾカンゾウによく似ているが、丈が高く、花は普通は夕方に開花、翌日の午後に閉じる。

2018年6月　北海道

2018年6月　北海道

エゾクガイソウ　ゴマノハグサ科

　蝦夷九蓋草と書く。茎に葉が4〜8枚ずつ輪生して葉が傘状（蓋）に輪生するのが9層ぐらい多くあるのでクガイソウ。

　北海道、本州の深山や亜高山の草原に自生する多年草。草丈は80〜150cm。葉は細長く笹葉状。7〜8月ごろ青紫色の筒形の小花を多数つけ、円錐状に集合したブラシ状になり、下から順次上に咲く。花の集合（花序）は虎の尾状になる。

2015年8月　北海道

2015年8月　北海道

エゾグンナイフウロ　フウロソウ科

　グンナイフウロについてはその項参照。北海道によく似たものがあり、エゾが付いた。

　本州のグンナイフウロに比べて葉の切れ込みがやや深く、先端がとがり、表面の毛は短く、裏面の中央脈に横向きの毛が目立つ。花色は一段と濃い。

2016年5月　北海道

2016年5月　北海道

エゾチドリ（フタバツレサギ）ラン科

　たくさんの花の一つ一つが、チドリが飛んでいるように見えるので北海道の千鳥という名が付いた。別名フタバツレサギともいう。

　北海道中部以北の亜高山帯から高山帯の草原や林内の草地に自生する多年草。草丈約20〜30cm。葉は2枚の根生葉が大きく、茎は1本直立、小さい葉をつけ、花は7〜8月、頂点に穂状にチドリ型小花を多数つける。花色は淡黄白色。チドリとつくこの仲間にテガタチドリ、ハクサンチドリ、サツマチドリがある。

2016年8月　北海道

2016年8月　北海道

エゾニュウ　セリ科

「ニュウ」はアイヌ語で食用になる植物をニュウと呼ぶことかららしい。太い茎が食用になった。北海道、東北、中部の高地など昔の蝦夷地に分布したのでエゾニユウと命名。

東北地方から北海道の山中の草地に生える大型多年草。茎は高さ1～3m、太さ直径5～6cm。葉は大形で羽状複葉。葉柄の基部は大きく膨らんで袋状になる。夏茎頂と枝先に白色の小さな花が多数集まって直径30cm程の球形になる。

2015年7月　北海道

2015年7月　北海道

エゾノリュウキンカ　キンポウゲ科

　北海道の立金花の意。立は茎が立ち上がる性質を、金花は黄色の花を意味する。

　リュウキンカは全国の沼地や湿地に生える多年草。根は白色のひげ状。花茎は直立し高さ15〜50cmぐらいになり、春に花をつける。花弁のように見えるのはがく片で5〜7枚ある。エゾノリュウキンカは主に北海道に生育する大型の変種である。

リュウキンカ　2012年5月　赤塚

2016年5月　北海道

2017年5月　北海道

エゾハナシノブ（ミヤマハナシノブ）　ハナシノブ科

　シノブは羽状に全裂した葉をシダ植物のシノブの葉に見立てたもの。
本州中部地方以北、北海道の砂礫地や草地に生える多年草。花期は夏。キキョウ型で深く5裂したコバルトブルーの大きな花を次々に開く。

　別種のハナシノブは絶滅危惧種の一つで、九州の山地の草原にまれに生える多年草。

2018年6月　北海道

2018年6月　北海道

エゾミソハギ　ミソハギ科

　うら盆に精霊棚に供物や盆花を供え、水で濡らしたミソハギを振ってしずくを落とし、清める。禊をする萩でミソハギ。盆の仏事に欠くことのできない花だった。エゾミソハギは北海道に多く、ミソハギに比べて大型。

　世界各地の温帯、暖帯に広く分布し、湿地に多い多年草。ミソハギに似るが全体が大形、花も大きく、紅紫色で鮮やかである。ヨーロッパでは古くから栽培されたものらしく、シェイクスピアはこれを long purples と呼んでいる。ハムレットの母はこの花を花環の中に入れている。

2016年8月　北海道

2015年8月　北海道

エノキグサ（アミガサソウ）　トウダイグサ科

榎草と書く。葉の形、質、色がエノキの葉に似ている草。編笠草は苞葉がやや二つ折りになっている形が編み笠に似ている草の意。なおエノキの由来には3説あると高橋勝雄氏は言う、

① 餌の木　小鳥が甘い実を好んで食べる。
② 柄の木　道具の柄に利用される。
③ 燃え木　木材として燃える。

畑地や道端、荒れ地などに生える一年生草本。茎は直立、葉は互生、夏から秋にかけて枝の頂部に小さな花が穂状に集まっている。褐色の雄花群 穂の下にハート形の葉（総苞）があり小さな花がある。これが雌花。頂部の小さな雄花は次々花粉を落とし、総苞の中の雌花に直接花粉を渡す。エノキはニレ科の樹木でエノキグサはトウダイグサ科で全く異なる種で他人の空似である。

2015年8月　練馬

エノコログサ（ネコジャラシ）　イネ科

　エノコロとはイヌの子の意でその穂が小犬の尾に似ているので。猫じゃらしはその穂で子猫をじゃらすから。幼児や子供がこの草に興味を示し遊ぶ。

　国内いたるところに自生する一年生草本で夏に茎の頂に緑色の円柱状の花穂を出して、一方に傾き多数の花を密につけている。

2016年8月　練馬

オウゴンヒヨクヒバ　ヒノキ科

　黄金比翼ヒバ。萌芽時の葉が黄金色になり、ヒヨクヒバは並んで垂れ下がった枝の様子から名付けられたもの。

　日本各地に広く植栽分布するサワラの園芸品種で、庭園樹、公園樹として植栽される常緑針葉低木である。枝は多数に枝分かれし、小枝や細枝は長く伸び、糸のように垂れる。長いものでは30cm位になる。葉は交互に対生し、黄金緑色で鱗状。住宅地の垣根などにも色と風合いがなかなか良いもので利用されるが、日陰では黄金色は出ない。

2019年2月　練馬

2019年2月　練馬

オオバナノエンレイソウ　ユリ科

エンレイソウの語源には2説ある。
①アイヌ語のエマウリがエムリ→エムレ→エンレイとなった。
②中国ではこの植物は延齢草根という胃腸薬であったことから。

2016年5月　北海道

北海道の山地の林下に生える多年草。茎は直立、葉は茎の上部に3枚輪生し、先が幅広い卵型で大きい。花は春から初夏に葉芯から1本花柄を伸ばし、先に白色の大きな3弁花を開く。落葉のカシワの樹林下に一面に開花している景色は見事である。種子が発芽してから花が咲くまで15年もかかるという。

2016年5月　北海道

オカトラノオ サクラソウ科

丘虎の尾と書く。花穂の形が獣の尾に似ていることから。

2015年8月　北海道

日本各地の山地、原野の日当たりの良い場所に普通にみられる多年草である。長い地下茎を伸ばし繁殖する。茎は高さ50〜100cmに直立、下部は赤色を帯びる。葉は互生。夏茎の頂に、多数の小さい白色の花が密についた、一方に傾いた先の細い穂状花をつける。

2015年8月　北海道

オトギリソウ オトギリソウ科

弟切草と書く。この草がタカの傷を治すことを鷹匠の兄が秘密にしていたが、弟が恋人にこの秘密を洩らしたので,兄が怒って弟を切り殺したという伝説からきている。

スライドより

日当たりの良い山野に生える多年生草木。茎は直立。葉は対生。透かして見ると葉の中に黒色の細かい油点がある。夏から秋にかけて茎の頂部が分枝し小さい黄色の花が連なって咲く。一日花である。茎葉を揉んで出た汁を傷に当てると、止血、鎮痛などに薬効があるといわれる。

スライドより　長野県菅平

オドリコソウ　シソ科

　花の形が夏の盆踊りに櫓の上で花笠をかぶって娘たちが踊っているかのように見えることによる。

　山地、道端の半日陰に群生する多年草。4～5月ごろ葉のわきに淡紅紫色または白色の唇形花を数個輪生する。早春若芽を摘み、茹でて水に浸し、和え物、浸し物、汁の実等にして食用とするところもある。

　近年ヨーロッパ原産の帰化植物でオドリコソウによく似た小形のヒメオドリコソウがある。葉が三角形で先端がとがっている。また植物体の上部の葉が赤紫色に染まっているという特徴がある。道端や畑の雑草としてはびこっている。（ヒメオドリコソウの項参照）

2013年5月　赤塚

オニタビラコ　キク科

　オニは大形と赤褐色を意味し、タビラコは田の面に根出葉が平たく張り付いた形（ロゼット）をあらわす。

　日本各地に広く分布。道端や荒れ地などに多く生える軟らかい1年生または越年生草本。葉は縁が羽状に深裂し、多くは下部に集まってロゼット状。茎にも少しつくが上部に移るにしたがって小さくなる。茎葉は共に少し赤褐色で傷つけると乳液が出る。茎の頭花は小形で黄色花。暖かいところでは年中花を開いている。

　コオニタビラコ（七草のホトケノザ）とは全体に赤褐色で大きく細毛がある点が異なる。

2015年10月　練馬

2016年3月　練馬

オヒシバ　イネ科

　雄日芝と書く。メヒシバに比べて葉や茎が太く、根は引っ張っても容易に抜けないなど、強く丈夫な性質から、「雄」がつけられた。日芝は日当たりの良いところによく繁茂する草の意。

2015年8月　練馬

　日本各地に分布。原野、路傍、空き地等の向陽地に生える一年草で、ひげ根を出して叢生する。夏茎の頂部で傘状に分枝し、各枝には小穂が2列に並び、小穂は緑色で平べったい。

2016年8月　練馬

ガガイモ　ガガイモ科

2016年8月　北海道

　谷口弘一氏はガガとは方言コガミ（カメの一種でスッポンのこと）から変わったもので、葉の形がカメの甲羅に似ていて、地下茎にイモを持つのでこの名がつけられたと言う。高橋勝雄氏は、次の説を述べている。花後に牛の角型の実(袋果)がなる。この角型の実をイモと見立てている。熟すると二つに裂け、裂けた実は舟型である。舟型の片面には白色の毛をつけたタネが多数入っている。舟型の内面は白く光っていてまるで鏡のようである。そのことから鏡芋と書かれ、カガミイモからガガイモに変化したと言っている。

　全国の日当たりのよい、やや乾いた原野に生える多年草。長い地下茎をひいて繁殖する。茎は長く伸び緑色で、葉は柄があり長心臓形で対生。茎や葉を切ると白い乳液が出る。夏、葉腋に花柄を出し頂に淡紫色の花を開く。果実は牛の角状で表面にいぼがある。種子は扁平で白色の絹糸状の毛があり風で飛ぶ。

2015年8月　北海道

カタバミ　カタバミ科

　傍食と書く。日が陰ったり夜間になると3枚の葉を折りたたみ閉じる（睡眠運動）。この様子が片方の葉を何者かに食べられたかに見えることから、傍食（かたばみ）の名前となった。

アカカタバミ　2015年4月　練馬

　道端等いたる所に生える多年生草本で全草にシュウ酸を含む。子供のころ葉を揉んで銅貨を磨いて金色に光らせる遊びをしたものである。繁殖力が強く、細長い実に触ると種子がパチパチと弾けて飛び、しかも種には粘着物質がついていて、人や動物について運ばれる。ハート形の葉を三枚ずつつけるが、この形を家紋とした片喰紋は十大家紋の一つという。繁殖力旺盛なことから、子孫繁栄を願う武家に好まれた。

　普通のカタバミは茎葉が地表付近をはいつくばい、黄色花を開く。アカカタバミは全体が暗紫色を帯びる。花の中心が明るい緑色である。

カタバミ　2013年5月　練馬

ムラサキカタバミは、地下に小鱗茎（タマネギのように茎の部分に葉っぱが何枚も重なっている球根のこと）が多数つき、耕作や除草のときに散らばって繁殖する雑草で、種子を作らない。花は紅紫色。花弁の基の方が色が薄く、濃色の脈がある。やくは白い。

ムラサキカタバミ　2019年5月　練馬

　イモカタバミは、ムラサキカタバミと似ているが、イモのような塊茎が連なってつき、花弁の基の方が色が濃く、やくは黄色である。どちらも南アメリカ原産で、江戸時代末期に観賞用に渡来、雑草化。

　オオキバナカタバミは、全体に茎、葉、花が大きいので名付けられたらしい。南アフリカ原産のカタバミの仲間で、明治中頃に観賞用に渡来したが、近年は野生化して人家の周りや道端などでも見られる。小葉に紫褐色の斑点が散らばっている。花は春、黄色の5弁花をつける。

オオキバナカタバミ　2016年3月　練馬

イモカタバミ　2013年5月　練馬

57

ガマズミ　スイカズラ科

　スミは染の転訛で、古く果実で衣類を赤色に染めたことに関係があるらしいが詳しいことは分からない。

　日本全国いたるところの山地に見られ、人家にも植えられる落葉低木。高さ2～3m。葉は対生で円形。初夏に小白花を多数集めて咲く。核果は熟すると鮮紅色から暗赤色となる。食べると甘酸っぱい。秋の景観樹となる。まれに黄実のものがあり、キンガマズミまたはキミノガマズミという。

2014年10月　箱根

カモジグサ（ナツノチャヒキ）　イネ科

　カモジとは髪を結ったり垂らしたりするときにつける「付け髪」のこと。昔、子供が若葉を人形の髪にして遊んだ。別名夏の茶挽は初夏に出穂する茶挽（カラスムギ）に似るという意。

　路傍、原野、畑地等に普通に見られる越年生草本。茎は高さ50〜70cm。葉は線状で初夏に開花する。単一の穂状花で紫色を帯びた白緑色。長さ20cmくらい、一方に傾き垂れる。小麦の祖先種の一つとも考えられている。

2015年5月　練馬

カラスノエンドウ（ヤハズノエンドウ）　マメ科

この仲間にさやが大きいものと小さいものがあり、大きい方をカラスノエンドウ、小さい方をスズメノエンドウと名付けた。また豆果が黒く熟するのでカラスノエンドウと命名されたともいう。

2014年4月　練馬

いたるところの路傍や山麓の日当たりの良いところに生える越年生草本。茎は四角柱状で地上に横に伏し、葉は互生し、羽状複葉で3〜7対の小葉があり、先端は長く伸び分枝した巻きひげとなり他物に巻き付く。葉腋より花柄を出し濃紅紫色の蝶形花を開き、豆果は長く、熟すと黒色となる。

2016年4月　練馬

カラマツソウ　キンポウゲ科

　花がカラマツの葉に似ているのでこの名がある。
　日本各地の山地や深山の草原や林のへりに自生する多年草。茎は緑色か紫色を帯び直立または横になることもある。葉は互生。多数の小葉からなる。花には花弁がなく、がくはつぼみのとき紫色、花時に落ちる。多数の白色の雄しべが花弁状になり目立つ。雌しべは花の中心にあり、緑色で目立たない。

2016年5月　北海道

2018年6月　北海道

カルミヤ（アメリカシャクナゲ）　ツツジ科

　属名 Kalmia で通用している。シャクナゲとは全く関係ないが、アメリカシャクナゲ、ハナガサシャクナゲとも呼ばれる。

　北米東部原産。日本には大正 14 年に渡来した。原産地では樹高 10m ほ

2018 年 5 月　練馬

どになるというが、日本では通常 1m ぐらいの高さで基部では主幹が立つが低い位置からよく枝分かれして枝が広がる。葉は硬くて革質である。2 年枝の先端に晩春に多数の盃状の小花をかたまってつけ、花期は長い。色はピンクから赤色。

2013 年 5 月　練馬

キクザキイチリンソウ（キクザキイチゲ）　キンポウゲ科

2013年3月　赤塚

　菊咲き一輪草、菊咲き一花と書く。花が菊に似ているところからそうよぶ。

　山野に生える多年生草本。根茎は地中を横に這う。茎は単一で直立する。4〜5月ごろ3枚の苞葉の中心からまっすぐに伸びる花柄を一本出し、先端に淡紫色の花が開く。ときには白い花もある。がく片が花弁状で10〜13個ぐらいあり花弁はない。雄しべは多く、黄色である。落葉樹林の新葉の展開前をめがけて陽光を浴びて新葉や花が展開する。

2013年3月　赤塚

キクニガナ　キク科

　菊苦菜と書く。ニガナに似て一段と美しい大輪の花をつけるところから。

　地中海沿岸地方の原産だが、今はヨーロッパの他シベリア、西アジア、およびインドあたりにまで広く野生化している多年草。食用に栽培される。葉をサラダにする。わが国では北海道が適地らしい。高さ60〜100cmになり葉は互生し上葉は柄がなく苞葉状となってやや茎を抱く。夏に白または紫色の頭花を朝開き午後閉じる。花は径4cmくらいで柄はない。

2015年8月　北海道

2015年8月　北海道

キササゲ　ノウゼンカズラ科

　木ささげと書く。果実がササゲに似て樹木であることからそうよぶ。
　中国中南部の原産で、わが国には野生はなく、温暖な地方に栽培されている落葉高木。葉は卵形で先が尖る。初夏に淡黄色の花が咲く。果実はさやの形をして30cm位になり、垂れ下がる。若さやは食用とする。熟した果実は、乾燥して腎臓病の薬とする。材質は軽く軟らかく、家具、楽器などの材料となる。中国名は梓樹(シジュ)という。昔は印刷の版木に利用された。本を出版することをさす上梓という言葉はここからきている。珍しい植物で植物園では見たことがなく、人家で二度ほど見たことがあるだけである。

2013年6月　練馬

ギシギシ　タデ科

名前の由来は不明だが
① 実がぎっしりと詰まってつくから
② 穂を振るとギシギシと音が鳴ることから
③ 茎と茎をこするとギシギシ音が鳴ることから
④ 京都の方言に由来する
　等の説がある。

2015年5月　練馬

　原野や道端の湿地に見られる大型緑色の多年生草本。根葉は群生し茎は直立し6月ごろ茎の上部が分枝し多数の淡緑色の小さい花を輪生する。

　外来種も多数侵入し、ナガバノギシギシ、エゾノギシギシ、アレチノギシギシもみられる。

2015年5月　練馬

キスゲ（ユウスゲ）　ユリ科

　黄菅、夕菅と書く。黄色の花が夕方咲き始めることと、葉の形がカサスゲやカンスゲのような大型種のスゲの葉と似ているのでこの名が付いた。

2013年7月　練馬

　本州中部山地に生える多年生草本。初夏に淡黄色の花が開く。花は夕方から開花し、翌日にしぼむ。

　なおこの仲間のHemerocallis（ヘメロカリス）属の植物にはノカンゾウ、ヤブカンゾウ、ハマカンゾウ、ニッコウキスゲ等があり、さらに園芸種が多数あり、単にヘメロカリスの名で呼ばれる品もある。

2016年7月　練馬

キツネノマゴ　キツネノマゴ科

　語源に定説はない。深津正氏はキツネノママコの転じたものでママコナに似て毛が多く、品が悪いからではないかと言う。稲垣栄洋氏は花の姿がキツネの顔に似ているからという説と、花が咲き終わった後がキツ

2015年10月　練馬

ネの尾のように見えるからという説とがあると言う。高橋勝雄氏は、茎の先にある花の穂はキツネの尾に似ているが、キツネの尾に比べあまりにも小さいので「孫」という言葉を用いたと言う。

　本州、四国、九州の原野や道端に普通にみられる一年草である。キツネノマゴ科の植物は熱帯に生息するものが多く、日本のキツネノマゴのように温帯に生息するものは少ない。茎は四角で多くの枝を出し、節はややふくれ葉は対生。夏から秋にかけて茎の先に穂状花をつけ、淡紅紫色、まれに白色の小さい唇形花を開くが、花は一斉に咲かず、一つか二つずつ順番に咲く。古くから知られる薬草である。

　沖縄には変種のキツネノヒマゴやキツネノメマゴが分布する。

2015年10月　練馬

キュウリグサ（タビラコ）　ムラサキ科

葉を揉むと野菜のキュウリに似た香りがすることからの命名。タビラコとも呼ぶ。

アジア温帯一般に分布し、畑、野原、道端に多く見られる二年生草本。はじめ楕円形の葉は地面に放射状に広がっている。5〜6月ごろ茎の先は途中で枝分かれし、茎の上部は巻いている。るり色の花は巻いていた茎がほどけながら下の方から咲いていく。花はワスレナグサに似ているが、大きさは4分の1ぐらい。花期に茎が立つと高さ20〜30cmに達し早春の草姿から見違えるほどの大きさになる。

2013年5月　練馬

2015年4月　練馬

キンラン・ギンラン ラン科

　花色に基づいて黄花を開くものをキンラン、白花を開くものをギンランと命名している。

　低地の山林に生える多年生草本。茎は直立し、葉は互生。4～5月ごろ茎の先に数個の花をつける。キンランは高さ30～70cm、花は上向きに半開。ギンランは10～30cm。南多摩丘陵には両者とも戦後もたくさん見られたが、住宅開発で絶滅状態である。

ギンラン　2013年5月　箱根

キンラン　2013年5月　箱根

クサタチバナ　ガガイモ科

2013年5月　箱根

　花が白くて5枚の花びらの姿がタチバナの花と見えることから。タチバナがミカン科の木であるのに対して、こちらはガガイモ科の草なのでクサタチバナという。

　関東以西、四国の山地の林内や草地に生える多年草である。石灰岩地方に多いという。茎は直立し、分枝しない。葉は対生。夏に頂に花柄を出して分岐し白色の花を開く。果実は牛の角状の袋果となり長さ約6cm。熟すと裂開して冠毛のある種子を飛ばす。

2013年5月　箱根

クサノオウ　ケシ科

牧野博士は
① 草の黄という意味で、草が黄色の汁を出すから
② 丹毒を治すから
③ 草の王

2013年4月　赤塚

と諸説あるが定説はないという。高橋勝雄氏は、②説をとり、皮膚のできものをくさ瘡といい、瘡の特効薬、王様のようによく効く草の意であると言う。北海道大学編の「北海道の野草」は①説をとり、茎や葉を切ると液が出て、空気に触れるとオレンジ色に変わる為と言う。

　日本各地に分布。道端や石垣の陽地に生える越年生草本。茎は軟質でオレンジ色の液を含む。葉は互生。菊の葉状で表面緑色、裏面は白っぽい色。初夏のころ黄色の4弁花が開く。有毒植物で、薬用にも使われる。種子に付く種枕をアリが好み、巣穴へ運びこまれたものが発芽している。

2016年5月　北海道

クサレダマ　サクラソウ科

　草連玉と書く。約300年前、江戸時代に連玉（Retama スペイン語）というマメ科の植物が流行した。この頃渡来したエニシダに似た植物である。本種が黄花で葉は細く全体の雰囲気がレダマに似た草であるので、クサレダマと命名された。

　北海道、本州、九州の山地の湿った草原に自生する多年草。地下茎は長く地中を這う。茎は直立60〜100cm。葉は笹の葉型で、対生または輪生する。花は黄色い5弁花にみえるが基部はつながった合弁花。花は細い茎の上部に多数集まり円錐形になる。

2016年8月　北海道

2016年8月　北海道

クロユリ　ユリ科

　花が暗紫褐色で遠くから見ると黒っぽく、花形はユリに似ているので命名された。

　中部地方以北の高山、北海道に自生する多年草である。茎は上部の2〜3節に3〜5枚の葉が輪生する。

エゾクロユリ　2013年5月　箱根

茎の頂に1〜2個の黒紫褐色の花をつけ、悪臭を放って昆虫を呼ぶ。北海道にはエゾクロユリがある。平地に自生し、草姿が大きく、花付きと葉数が多い。

　クロユリには伝説がある。安土桃山時代、富山城主佐々成正は家臣の言葉を信じ、無実の愛妾「早百合」を殺してしまう。早百合は息を引き取るとき「立山にクロユリが咲くとき佐々家は滅びる」と叫び、そうなったという。

エゾクロユリ　2016年5月　北海道

クワ　クワ科

　語源は2説ある。食葉（クハ）または蚕葉（コハ）が転じてクワになったという。いずれにしても蚕が食う葉の意。

　日本各地及び朝鮮半島、中国、ベトナム、インドの温帯から亜熱帯に分布。山地に生え、明治以来の養蚕業で品種改良され、畑に植えられた。落葉高木であるが、人間の背丈に合わせて仕立てられた。幹は直立、葉は互生。雌雄異株だが時に同株もある。花は淡黄色の小花。果実は初夏に黒紫色に熟し食べられる。一年枝の樹皮は和紙の原料に利用されるという。

クワの実　2013年5月　練馬

2015年10月　練馬

クワクサ　クワ科

桑草。葉の状態がクワの葉のような様子をした草の意。

荒れ地や畑の中、道端などに見られる一年生草本。茎は直立緑色。ときに暗紫色。皮には弱い繊維がある。葉は互生。秋に主茎や小枝上の葉腋に淡緑色の小花を多数集めて団子状につける。雌雄同株で雄花と雌花がひとところに集まっている。クワ科の中で唯一の草本である。茎や葉を傷つけても乳管がないため乳液を出さない。一年草。花期は9〜10月。

2015年10月　練馬

2015年9月　練馬

グンナイフウロ　フウロソウ科

　グンナイとは山梨県東部の北都留郡と南都留郡を昔郡内といい、郡内で初めて発見されたことから。フウロは風露で、夏の朝花弁に露が降り僅かな風でも揺れる茎の動きにつれて花弁の上の球形の露が動く美しい情景を示す草。

2016年8月　北海道

　北海道、中部以北の亜高山や深山の草原に自生する。葉は毛が目立ち、葉の切れ込みはフウロソウの仲間としては浅い方である。花は淡紅紫色。

2016年8月　北海道

ゲッケイジュ　クスノキ科

　ゲッケイジュは中国の月桂樹に基づいてつけられた名であるが、中国の月桂樹は本種とは異なる。誤りであるが、そのままにしている。

2014年3月　練馬

　地中海沿岸地方の原産。日本には明治38年ごろ渡来。暖地性常緑高木で、葉は互生で厚く艶がない。雌雄異株で、花は春、小さい黄色花が集まって咲く。液果は秋に熟して紫色になる。葉や果実に佳香があり香料や薬の原料とする。また乾燥した葉を料理に用いる。また枝を輪にして月桂冠を作り勝利者賞とする。

2016年12月　練馬

ゲンノショウコ　フウロソウ科

　現の証拠と書く。乾燥した茎葉を煎じて飲むと、すぐ効果が表れることによる。下痢がぴたりと止まった人もいたという。

　野原や道端、山裾に生える多年生草本。茎は地面に伏し、あるいは多少直立し分枝する。葉柄のある葉を対生する。葉は掌状に裂け葉面に初めは紫黒色の斑点がある。夏に枝先或いは葉間に花柄を出し、2〜3個の花をつける。花は白色、紅紫色、あるいは淡紅色の5弁花で、ウメの花に似ている。花が終わって後、長いくちばしのあるさく果を結び、熟すと裂開して種子を弾き飛ばす。その残存果実がみこしの屋根に似ていることからミコシグサの名がある。

2015年10月　赤塚

コウヤボウキ キク科

高野山でこの枝で箒を作るのでこの名がある。高野山では女人、酒、蹴鞠、囲碁、双六、金もうけにつながるものなど、人間の争いとなるとして一切禁止した。果樹や竹なども商品価値のある植物として栽培を禁

2015年3月　赤塚

止した。竹箒ができないので、山に生えている植物を集めて箒を作るようになり、この木を集めて箒を作るようになった。

関東以西の山地や丘陵のやや日当たりの良い乾いた疎林の下などに多い草本状の落葉小低木で、高さ60〜90cmぐらい。幹枝は細く、よく分枝する。一年枝は卵形の葉を互生し、二年枝はやや細長い小葉を節ごとに3〜5枚束生する。後者は秋になると枯れる。秋にその年に出た枝の先毎に白色の頭花をつける。そう果は密に毛があり、風で飛散する。

2015年12月　赤塚

コウリンカ　キク科

　紅輪花と書く。花の周囲に見える下方に反り返った花びら（舌状花）を赤い車輪に見立てたもの。

　本州各地に分布。日当たりのよい山地の草原や山道沿いに自生する多年草。茎の高さは50cm内外で分岐しない。下の葉はへら形、上の葉はササ形で小さくなり、茎に互生。花は柿色で花の周囲に10枚ぐらいの舌状花が下へ垂れて付く。花の中心部は半球形で筒状花が集合したものである。

スライドより

コウリンタンポポ　キク科

　紅輪タンポポと書く。車輪状の赤い花びらを紅輪としてタンポポに似ているのでコウリンタンポポ。

　ヨーロッパ原産の帰化植物である。明治時代中期に観賞用として導入。暖地に弱く、消滅して関東では見られない。花期は6〜9月。根生葉はタンポポに似て根元に集まり、ロゼット状になるが、次の点で大きく異なる。

①花茎の頂部で枝分かれしていくつかの花を咲かす。

②茎の基部からほふく枝を伸ばして先に苗を作る。

③全草にわたって黒っぽい毛が目立つ。

④本種はタンポポの仲間より寒冷地を好む。

　暖地では育ちにくい種だが、北海道や寒冷地ではよく増殖し、野生化している。最近では北海道内にはキバナコウリンタンポポが目立って分布を広げている由。

2015年8月　北海道

キバナコウリンタンポポ　2016年5月　北海道

コトネアスター　バラ科

　属名のCotoneasterをそのまま名称としている。ラテン語のKotoneon（マルメロ、カリンの仲間）とaster（似る）という2語が組み合わされたものである。

2015年5月　練馬

　原産地は中国西部からヒマラヤの温帯に広く分布し60種ほどある。昭和初期に渡来。半常緑か落葉性の低木で、葉は光沢がある。5～6月に白色または淡紅色の花を咲かせ、9～10月に赤色または鮮紅色の球形の果実をつける。公園などのグランドカバー、鉢植えなどに利用されている。

2012年1月　練馬

コニシキソウ　トウダイグサ科

　小錦草と書く。錦とは金糸や彩糸で模様を描いた厚手の絹織物で、美しいもののたとえである。茎や葉のさまを見て名付けたというが、それほど美しいものでもない。むしろ目立たない雑草である。高橋勝雄氏は、茎が赤紫、葉が緑の二色である。二色草が錦草に誤記されたのではないかという。

　北米原産の一年生草本で、わが国へは明治20年ごろ入ってきたもので、今では各地に自生している。茎は赤紫色で分枝して地上を這い、枝を切ると白い汁が出る。葉は対生で緑色をし、表面の中央部に暗紫斑がある。夏から秋にかけ葉腋に暗紅色の小花をつける。

2014年9月　練馬

コノテガシワ　ヒノキ科

　児手柏と書く。枝が直立している様子が手のひらを立てているようにみえるため。カシワは炊葉の意で、食物を盛る葉ということで、昔は食物を盛る葉はすべてカシワと呼んだ。コノテガシワの場合は、葉が平らであることから。

　北および西中国の原産。今ではいたる所で栽培される常緑低木。ヒノキに似て枝（俗に葉という）は表裏の別なく、側立する特殊な性質がある。雌雄同株。

2014年9月　練馬

コマクサ　ケシ科

　駒草と書く。細長い花冠の形が小馬の顔に似ているからである。

　北海道、本州中部及び高山帯の砂礫地に生える多年草である。高山植物の女王とも呼ばれる。7〜8月ごろ花茎の先に紅紫色の花を開く。花の色と白みがかった柔らかい葉の緑色の調和が女王の名を与えたか。さく果は多数の細かい種子を含む。古くは霊験あらたかな強壮健胃剤として知られ、木曾の御嶽山では御駒草と呼んで百草の1種に入れた。

2018年6月　北海道

　近頃高冷地の砂礫地に種子からたやすく栽培されている。北海道では苗が売られ、人家の砂礫地で育てられているのを見た。

2018年6月　北海道

サギソウ　ラン科

　鷺草と書く。白色花を手前側から見るとシラサギが翼を広げて飛んでいるかのようであることから命名。

　本州、四国、九州の日当たりの良い湿地にしばしば群生する多年草。地下の小球根から芽生え、高さ 15 〜 40cm の花茎を立ち上げる。葉は線形、下部のものは長くとがり、上部のものは小型で包状となる。花は 7 〜 9 月ごろ花茎の先に純白色の花を開く。しばしば家庭でも水苔の上で栽培する。

2012 年 9 月　練馬

サネカズラ（ビナンカズラ）　モクレン科

　実葛と書く。秋の果実が美しく目立つ、つる植物であるところから命名。古名サナカズラは滑り葛の意。枝の皮の粘液を水に浸出して整髪に用いたので美男葛の別名を持つ。

　関東以南に分布。また時には庭木として植えられる。斑入り品種が好まれる。常緑でつる性で、強く丈夫で切ると粘液が出る。葉は有柄で互生、厚く革質で柔軟である。表面に光沢があり、裏面はしばしば紫色を帯びる。夏の頃葉腋に淡黄白色の花を開く。一般に雌雄異株。ときに同株。秋になると果実は液果で花托と共に紅く熟す。果実は強壮剤や咳止めとされた。

2015年12月　赤塚

サラシナショウマ（ヤサイショウマ）　キンポウゲ科

　晒菜升麻と書く。若い葉を煮て水でさらし、味をつけて食べたことから名付けられた。ショウマは中国の薬用植物でサラシナショウマに近い草に升麻の名が当てられていた。升麻は風邪や解熱などに薬効がある。野菜升麻も同様に野菜として食しているため。単にショウマといえば普通本種のことである。

2014年10月　箱根

　山地の樹下または山中の草地などに生える大型の多年生草本。茎は直立緑色。葉は互生。大形で多数の小葉に分かれている。7〜8月ごろ茎頂に長い花茎を出し、密に有柄の白い小花を穂状につける。

2014年10月　箱根

サワギキョウ　キキョウ科

　沢桔梗と書く。沢辺など湿った草むらに自生していて、花色がキキョウの花と同色の青紫色。花形は大きく異なる。

　日本各地の沢辺など山間の湿地に群生する多年草。根茎は太く短く横に這い、

2014年10月　箱根

地上茎は中空で分枝せず直立し、切ると白い汁が出る。葉は互生し、上方に移るにつれて小形となり、そのまま苞葉となる。夏から秋にかけて紫色の花を開く。この仲間に宿根ロベリア、和名ルリチョウが栽培されている。

2014年10月　箱根

サンショウ ミカン科

アゲハの幼虫　2015年10月　練馬

　トウザンショウの漢名「蜀椒」から山椒（サンショウ）と呼ぶ。古名ハジカミは「はじかみら」の略。「ハジ」ははぜるの意。「カミラ」はニラの古名で果実の皮が裂開し、また味がニラの味に似ているため。

　日本各地の雑木林から低山帯の林内に生え、人家にも栽植する。落葉灌木で、枝や葉の基部にとげがある。雌雄異株。春、枝端に緑黄色の小花をつけ、果実は秋紅熟し、裂開して黒色種子を出す。果実を乾したものを山椒と呼ぶ。粉にして香辛料として使われる。若葉も香気がよく、生で食し、または佃煮としても食す。

　アゲハ蝶の幼虫はミカン科の葉しか食べない。サンショウの木にはしばしばアゲハ蝶が産卵し、幼虫が見られる。

2012年4月　練馬

シオン　キク科

　紫苑と書く。中国の生薬名「紫苑」の音読みシオンに由来。

　古く中国より渡来。現在では各地に生える大型の多年草だが、普通観賞用に庭園に栽培。茎は直立して1.5〜2m。茎にも葉にもまばらな粗毛がある。秋に茎の上部で小枝を出し、多数の淡紫色の頭花をつける。中心花は黄色。丈が高すぎるので6〜7月に芯を摘んでやると台風などで倒れない草丈に仕立てることができる。

　根からつくる生薬の「紫苑」は鎮咳と去痰の薬効がある。

2014年10月　箱根

ジシバリ　キク科

　茎が枝を出し、地上を縛るかのように張り付いている様子から名付けられた。

　北海道から九州まで分布。日当たりの良い山野や畑などによく生える多年草である。茎は細長い枝を出して地上を這う。葉の間から出す花茎は高さ10cm内外。花は春から夏にかけタンポポに似た黄色の舌状花をつける。

2015年4月　練馬

2015年12月　練馬

シデコブシ（ヒメコブシ）　モクレン科

　細長い花弁が散開した様子を、神道の玉串、しめ縄などに垂らす紙「紙垂^{しで}」に例えたもの。ヒメコブシはコブシより小型だから。コブシはつぼみの形が子供のコブシに似ていることによる。

　中国原産で日本に伝えられ、本州中部に野生している。落葉低木で葉は互生し、春、小枝の端にわずかに紅色を帯びた白色で径7〜8cmの大きい花を開く。秋、果実は熟して割れ、赤い種子を出す。

2014年3月　赤塚

シマスズメノヒエ　イネ科

2016年7月　練馬

　最初台湾において栽培品が野生化し、広がったことから「シマ」がつき、「スズメ」は小さい意。「ヒエ」は人間が食用にしていたことから名づけられた。台湾島から来たヒエより小さい穀物の意。また高橋勝雄氏は、在来のスズメのヒエにそっくりで、南米原産の品種を小笠原の島で発見されたので「シマ」が付いたという。

　関東以西の市街地、港湾などに広く帰化している多年草。路傍や荒れ地などに生える。茎は束生。高さ50cm位。葉は幅7mm位。花は夏から秋、茎頂に長さ5〜10cmの枝穂が3〜5個間隔を置いて付き、下向きの小穂が2列に並ぶ。

2016年6月　練馬

シモバシラ　シソ科

　霜柱と書く。初冬の強く冷え込んだ朝、冬枯れた茎の根元に氷の結晶ができることから。

　関東地方以西、四国、九州の木陰に生える多年草。茎は四角形で硬く、高さ60cm位。葉は対生。秋、枝の上部の葉の腋に一方に花穂を出す。短い柄のある白色の小花を多数つける。

　霜柱のできるわけは冬になって落葉しても根から水を吸い上げ続け、冷え込んだ日に水を含んだ茎は凍結する。水が凍結すると体積が増え茎の一部が裂ける。裂け目から水が外に流れ出し、その水が寒さで凍結する現象である。

2015年10月　赤塚

ジャカランダ　ノウゼンカズラ科

ブラジルの呼び名（ポルトガル語）に由来する属名 Jacaranda をそのまま使っている。

2010年6月　練馬

アルゼンチン原産の落葉高木。現地では街路樹などに広く利用されている。熱帯では乾期の終わりに落葉した状態で花を咲かせる。花は淡い藤色で日本の満開の桜並木を思わせる。花の後に新芽を出し、繁るという。わが国では熱海の海岸や九州に街路樹として植えられ、花が咲いたり咲かなかったりしているとのこと。写真は練馬の団地のベランダで幼苗から10年かけて育てたもの。

2010年6月　練馬

シャク　セリ科

　高橋勝雄氏によると、北海道の一部と東北地方の方言で大型のセリ科植物のオオハナウドをシャクと呼び、シャクをコシャクと呼んでいた。その後オオハナウドはオオハナウドと名付けられ、同時にコシャクは「コ」を取ってシャクと呼ぶようになった。前川文夫氏はシャクの語源はサクで、神事に使う赤米（サクマイ）にシャクの果実が似ているからと推測している。

2016年5月　北海道

　日本各地に分布。山中林内の湿地に生える多年草。葉は互生し、細かく2～3回羽状に裂ける。若葉は食用となる。花は初夏白色。根はさらして粉にして食用になる。

2016年5月　北海道

シライトソウ　ユリ科

　白糸草と書く。白い花びらがブラシ状になって集まっている。この細い花びらを白糸に見立てたもの。

　中部以南の山地や木の陰に生える多年生草本。葉は根生したロゼット状で地に這い、5月ごろ1本の花茎を直立。頂上に白色糸状の6枚編成の花びらが多数集まってブラシ状になる。うち4枚の花びらが長く2枚はごく短く退化して一組の花となっている。

2013年5月　赤塚

2013年5月　赤塚

シラカンバ（シラカバ）　カバノキ科

樹皮が白いカンバの意で、カンバは古名カニハの転訛。

北海道、本州中部以北の日当たりの良い山地に生える落葉高木。幹は直立にそびえ枝も多く葉も繁り成長が早い。太くなった幹や枝は樹皮が薄くはがれて白い。雌雄同株。4月ごろ葉よりも早く開花。雄花は垂れ下がり、暗紅黄色。雌花は上向きに紅緑色花穂である。冷涼地では秋にはよく黄葉する。

2016年8月　北海道

2016年5月　北海道

シラタマホシクサ（コンペイトウグサ）　ホシグサ科

　白い玉のように見える花の集団が夜空の多数の星のように見えるので白玉星草。

　静岡から三重までの限られた地域に分布する。地下水のじわじわとしみだす特異な湿地に自生している1年草。葉は束生し、線形で長さ10cm内外。花は秋に咲き、雄花や雌花が多数集合して5～6mmの白い球形の塊となっている。花茎は四角状でねじれている。ドライフラワーとして着色したりして使われる。

2014年10月　箱根

シラネアオイ　シラネアオイ科

2017年5月　北海道

　日光の白根山に多く、花がタチアオイに似ていることと、葉がフユアオイに似ているところからとの説がある。

　中部地方以北、北海道の低山帯から亜高山帯の林内の陰地に生える多年草。1科1属1種の植物で、花の美しさだけでなく植物学的にも貴重な存在である。葉はカエデ型互生。花は初夏に咲き、径6～9cmで、うす紫色または白色。「がく」が4枚花弁状になっている。

2017年5月　北海道

シラヤマギク　キク科

　白山菊と書く。山に生える白色の菊という意味。

　北海道から九州、屋久島に分布。オミナエシ、ワレモコウ、ツリガネニンジンなどと共に秋の草原の代表的な植物である。明るい雑木林や林縁の山地に多い多年草。大型の野菊で人の背丈以上になる。葉は両面に細毛があり茎と共にざらつく。花期は秋。頭花は計2cm位。ヨメナの美味に対して若芽をムコナといって食用にする。

2016年8月　北海道

2016年8月　北海道

シラン ラン科

　紫蘭と書く。花の色が紫紅色のランである。

　本州中部から西の湿原または崖上等に自生する多年生草本。観賞用に普通に栽培している。鱗茎は球形で白色多肉である。葉は茎の株から互生し、柄がさやとなって互いに重なって生え、多数の縦ひだがある。5～6月ごろ葉心から茎を出して上部に紅紫色の花をつける。畑地に栽培できる数少ないランである。

2015年5月　練馬

2015年5月　練馬

シロザ　アカザ科

　若葉の中心が白い粉（粉状毛）に覆われている。白い若葉に囲まれた頂部を神仏の座る場所になぞられてつけられた。

　ヨーロッパから西アジア原産で畑や荒れ地に生える1年生の雑草。古代ヨーロッパでは野菜として食べられていた。シロザの種子は縄文時代の遺跡からもよく見つかっているので、古い時代に日本に入ってきた史前帰化植物である。シロザを原種として改良されたアカザがある。ともに野菜として食べている。同じ仲間のホウレンソウよりもおいしいと言われている。アカザの枯れた茎は杖として軽くて丈夫で愛用されている。

アカザ　2015年8月　北海道

シロザ　2015年5月　練馬

シロヨメナ（ヤマシロギク）　キク科

　白嫁菜と書く。ヨメナに似て、白花を開くことによる。また芽立ちの茎に赤味をさすことがないためともいう。ヨメナは嫁が摘む菜の意。別名ヤマシロギクは山白菊の意。

　本州、四国、九州及び台湾の山地に分布する多年草で、茎は細長く直立し、葉は互生。秋に茎の頂で分枝し、白色黄芯の頭花をつける。ときに薄紫色のものもある。

2014年10月　箱根

スイカズラ（ニンドウ 金銀花）　スイカズラ科

　吸葛と書く。花を引き抜き細い基部側の筒から吸うと甘い液を味わえる。これから吸い葛の名が生まれた（葛はつる性植物の意）。ニンドウは忍冬と書き、茎葉が冬でも枯れない強い常緑植物であること、金銀花は花色が白色から黄色に変化して萎れることから名付けられた。

冬の葉　2014年2月　練馬

　日本及び中国の山野に自生する常緑木本性つる植物。葉は対生でほとんど柄はない。初夏に開く花は芳香があり、白色または淡紅色、後に黄色となる。液果は黒熟する。垣根に絡ませて観賞用にも利用されている。欧米でもてはやされている。

2013年5月　練馬

スズメノヤリ　イグサ科

　雀の槍と書く。花の集合が大名行列のときの毛槍に似ていることと、著しく小さいのでスズメがついた。

　日本各地の原野や芝地に多く生える多年生草本で春早く宿根から多数の緑葉が群れをなして生え、冬には紫色が加わる。春に多数の花軸を出し頂に花の集合ができる。まず黄色い毛ばたきのような雌花が現れ、他の葯(やく)と受粉してしなびる。その後雄花が黄色い花粉を出す。まず雌花の時期があり、次に雄花の時期がある。花期から果期までほぼ同じ姿に見える。地下に根茎があり、飢饉のとき掘り取って食べたといわれる。シバイモの別名もある。

2016年5月　北海道

スズラン（キミカゲソウ）　ユリ科

　鈴蘭と書く。花形が鈴の形をした花の意。ユリ科だが葉がランに似ているのでこの名が付いた。君影草は人の面影をしのぶ草といわれる。

　本州中北部の高山及び北海道に多い多年生草本。1～2枚の長楕円形の葉を出し5月ごろ花茎を1本出し、白色の小さい鐘状花を開き、芳香がある。野生スズランは花が葉より下に着く。ドイツスズランは花が葉の上部に出る。液果は赤い球状。毒草であるので放牧地でも食べられないで残る。近年観賞用に花付きがよいドイツスズランを栽培している。

野生スズラン　2016年5月　北海道

ドイツスズラン　2013年5月　練馬

スノードロップ（ガランサス）　ヒガンバナ科

　スノードロップは英名から。別名ガランサスは属名（Galanthus）。

　南ヨーロッパコーカサス原産。昭和初期に渡来。観賞用に栽培される小型の秋植え球根。早春の雪溶けやらぬころ開花。可憐な花をうつむき加減に咲かせる。春の到来を知らせる花で花弁は白く半開状態のことが多い。

2013年2月　昭和記念公園

2013年2月　昭和記念公園

スミレ　スミレ科

　正倉院の御物に大工の墨入れ壺がある。スミレの花の形がこの墨入れ壺に似ていることによる。属名のViola（ビオラ）は「紫色」を意味するラテン語。

　山野や道端に生える無茎性の多年草本。根が茶色で葉は株元から多数束生。春に葉の間から花柄を出し濃紫色花を横向きに開く。スミレの仲間は多数ある。

2015年4月　練馬

セイヨウスグリ　ユキノシタ科

スグリは酸っぱい塊の意で、西洋から来た酸っぱい実という意味。

ヨーロッパ、北アフリカ、西南アジアの原産。明治初期1870年ごろに日本に渡来。果実を食用とするため各地に栽培された。夏冷涼で、風通し、日当りの良いところに多く育ち、寒さに強い特性を持つ。落葉低木で葉腋の下にとげがある。葉は互生。花は春に前年の短枝に葉と共に黄白色の両性花を開く。実は初め緑色、8月ごろ赤暗色の小指の先ほどに熟する。西洋ではグースベリー（goose-berry）と呼ばれ、日本でもこの名で呼ばれている。果実は生食や、菓子、ジャム等の材料に用いられる。

近縁種に実が房状になるフサスグリ（レッドカーラントまたはワイルドカーラント）がある。

セイヨウスグリ　2015年7月　北海道

フサスグリ　2016年7月　北海道

セイヨウフウチョウソウ　フウチョウソウ科

　西洋から来た風蝶草。花の姿を風に舞う蝶に例えた。茎に小さい刺が散生するのでハリフウチョウソウとも呼ばれる。

　熱帯アメリカ原産で英国に渡り、わが国には明治初年に渡来。観賞用草花として栽培される一年生草本。葉は掌状複葉で互生。花は夏から秋にかけ紅紫色または白色で花弁は4枚。6本の雄しべは長く花外に出る。

2014年8月　練馬

ゼニアオイ　アオイ科

　銭葵と書く。ゼニは種子が環のような形で、古銭に形が似ていることから。アオイは日を仰ぐ意味で、葉がよく日光に照らされる向日性を示す。花の形がゼニ（硬貨）に似ているという説もある。

　ヨーロッパ原産で日本へは江戸時代に渡来し、花壇や農家の庭先に観賞用に植えられる多年草であるが、しばしば野生化している。茎は直立し、円柱形で緑色。葉は互生。円形で浅い切込みがある。花は葉腋に柄のある花が集まってつき、5～6月ごろ下方から梢に向かって咲き上がる。花色は薄紫色で紫色の脈がある。また白色、淡紅色の品種もある。

2016年5月　練馬

2016年8月　北海道

センダイハギ　マメ科

　千代萩と書き、仙台とは関係ないとも不明ともいわれていたが、谷田弘一氏は宮城県仙台市のような日本の北の方でよく見られるという意味で、仙台萩と名付けられたという。また原色牧野植物図鑑では北方に多く産し、また歌舞伎十八番に、仙台に関係する「先代萩」という外題があるので、その名をつけたという。

　日本各地、ことに海岸砂地や海岸近くのやや湿り気のある原野に多い多年草。牧場に生えても牛も馬も食べないので、放牧地で繁殖している。茎は高さ1mぐらいに直立し、上部は少し分枝する。葉は有柄で3出複葉。茎の頂に花軸を出し、たくさんの深黄色の美しい蝶型花をつける。花も姿も1年生のルピナスによく似ている。果実は豆果をつける。坂本直行氏によると、アイヌの人々はこの草を「ライウキナ」(死骸草)「エランライケキナ」(汝の心を殺す草) などと呼び、この茎葉を広く悪魔祓いに用いた。「お前の心、殺したぞ」という呪文を唱えたという。

2017年5月　北海道

2017年5月　北海道

ソヨゴ　モチノキ科

　そよぐという意味で、硬い葉が風に揺れてざわざわと軽い音を立てるので名付けられた。

　本州中部以西、四国、九州の暖地の山地に生える常緑の低木または小高木で庭園樹や家庭樹として植えられている。葉は互生、長い柄を持ち、硬質で表面に光沢がある。雌雄異株。6月に小さな白い花を開く。果実は長い柄を持ち、秋に熟すると紅色となり、緑の葉の間に美しく見えるので、茶庭などに好んで植えられる。

2015年10月　練馬

ダイオウマツ（ダイオウショウ）　マツ科

　大王松と書く。葉が長くて大きいことをたたえていったものといわれている。

　北米東海岸地方の原産。暖地で排水良好な湿気に富む砂質壌土を好む。長い葉が筆状に枝の端に集合して垂れている。葉は３葉束生。長く青みがかった緑色をしている。雌雄異花で１年枝の下部に雄花が多数つき雌花は頂生する。開花は春。球果は翌年の秋に熟す。若木の枝は正月に生花の材料等として用いられる。

2009年12月　練馬

タカサゴユリ　ユリ科

　高砂百合と書く。高砂は台湾の古い呼び名で台湾ユリの意。

　台湾原産。大正末期に種子を九州に導入。種子から１年以内に花を咲かせることができる。従って繁殖力が強く雑草化して広がっている。種子島に産するテッポウユリの仲間で、よく似ている。花筒が長く、葉の幅は狭い点、寒さに強く、種子で繁殖するとその株は消える点が異なる。

2015年11月　練馬

　タカサゴユリとタメトモユリの自然雑種をシンテッポウユリといい、実生で数カ月で開花し、同じ年に２～３本開花するという強い繁殖力を持っているという人もいる。よく見かけるものはシンテッポウユリか？

2013年6月　練馬

タケニグサ　ケシ科

　竹似草と書く。中空の茎が竹に似ているという説がある。また花後に長楕円形の実が円錐形に多数つく姿が遠目にタケに似ているという説もある。この草とタケを一緒に煮ると軟らかくなるので「竹煮草」という説は、室井綽氏により実験で否定されている。

2016年10月　練馬

　山野や平地に普通にみられる直立した大型の多年草本。根は粗大でオレンジ色。茎も粗大で中空の円柱形で2mを超すほど大きくなる。葉は互生で裏面は白色。夏に茎の先端で分枝し、多数の白色の小花をつける。花の後扁平なさく果をつける。中には細かい種子を含む。茎や葉に黄褐色の汁を含み、有毒植物。昔便所にウジ殺しに茎葉を入れた。

2012年10月　練馬

タツナミソウ　シソ科

　立浪草と書く。花の色、形、模様を寄せてくる波頭に見立てての呼び名。茎の一方向に花をつける花の様子が葛飾北斎の描く波しぶきに似ているからと高橋勝雄氏は言う。

　アジア東部および南部の温帯に広く分布。本州、四国、九州の林のへりや野原に生える。ときに家庭でも栽培する多年草である。根茎は細く短く這い、茎は直立、葉は対生。5～6月ごろ茎の先端に多数の一方を向いた紫色や白色の唇形花を2列に穂状につける。

2015年4月　練馬

タニウツギ（変種ベニウツギ）　スイカズラ科

2013年5月　練馬

　ウツギは幹の中が空洞なのでうつろの木の意味。谷に多いからタニウツギと呼ぶ。

　北海道、本州の主に日本海側斜面の山地に生える落葉低木。葉は対生。5～6月ごろ小枝先端または葉腋に紅色花をつける。秋種子には翼がある。観賞品として庭園に栽培する変種ベニウツギがある。花が集まって見事な紅色を呈する。華やかな色彩の花をつけるが、この木には一部地方で骨拾いの箸や、黄泉に旅立つ死者の杖と死のイメージの背景がある。

2013年5月　練馬

タネツケバナ　アブラナ科

　種籾を水に漬ける頃に咲くからこう呼ばれるといわれていたが、早春に咲く花が何種もあり、この説は根拠に欠けると高橋勝雄氏は言い、実が熟すると実を覆っていた皮が二つに分かれて勢いよく反転する。それと同時に中の種子が四方八方に飛び散り、いたる所で発芽する。この繁殖力の強さから種付け馬の意味合いを借用し、名が付いたと述べている。

　いたるところの道端や田んぼの畔などに生える越年草。春先4〜5月ごろに枝先に白色有柄の小形十字状花を10〜20個開く。種子は熟すると裂開し2果皮片が反り返り、細かい種子を飛ばす。

　近年ヨーロッパ原産の外来種ミチタネツケバナが各地に広がっている。都会の道端などに群生している。乾燥に強く、実が茎に沿って上を向く。地面にロゼット状に広がった根生葉が花の時期にも残る。

ミチタネツケバナ　2013年3月　練馬

タラノキ　ウコギ科

　牧野博士は名前の由来は分からないと言っている。和名は楤木をあてているが、これはシナタラノキの漢名。

2016年4月　練馬

　山野に多く生える落葉低木。幹は真直ぐで直立して伸び、灰色の肌をし、鋭く短いとげが一面にある。あまり細かく枝分かれせず、葉は枝の先端部に集まって水平に四方に広がる。8月ごろ一年枝の先に白く小さい花を多数つけ、四方に広がっている。果実が黒く熟するのは秋である。野生の自然樹の新芽は太く、タラの芽は山菜の王者といわれる。近年栽培されて市場に出ているのは、茎を一節ごとに切り、栽養器に並べ温室で発芽させているので小さい。変種で刺のないメタラノキの苗が売られている。

幼木　2018年6月　北海道

ダンギク　クマツヅラ科

　段菊と書く。花の集まって咲く様を菊の花と見立てて、その花の集団が下から上へと段になって咲くことによる。別に花が団子状にかたまっているので「団菊」ともいわれている。

　九州西部と対馬などの暖帯に分布。日当たりの良い丘や岩石地に生える多年草。切り花用に栽培されている。茎は直立、下部は木質化する。葉は対生。夏～秋に枝先の葉のつけ根から紫色、ときに白色の小さな花を多数密生し、茎の周りを取り囲む。対生葉の上段へと次々とこの団子状の花をつける。

2015年10月　赤塚

ダンコウバイ（ウコンバナ）　クスノキ科

　壇香梅は元来ロウバイの1品種に対する漢名を本種に転用したものであろうといわれる。ウコンバナは花が黄色であるのに基づく。

　本州の関東以西、四国、九州に分布。暖地の山中に自生する落葉低木。枝はまばらに出、折ると香りがある。葉は互生、雌雄異株。早春2～3月ごろ葉よりも早く黄色の小花を密に開き、ミズキ科のサンシュユによく似た花で一見区別がつかない。秋に果実が黒く熟す。その頃には花芽は明瞭である。庭木にはあまり利用されないが、茶庭に適しているという。材はよい香りがするのでつま楊枝などに加工する。

2015年3月　赤塚

チガヤ　イネ科

　穂が出たばかりのころは血液のように赤っぽいので「血茅」とする説。また、チガヤは草原に大群生することが多く、千株も群生するということで千の株の茅で「千茅」とする説。さらに穂がまだ隠れている状態のときに穂を開いて噛むと甘みを感じる。この味が乳の甘みに似ていることから「乳茅」説もある。

　山野に群れを成して叢生する多年草。根茎は地中を横に這う。春の終りに葉に先立って花穂を出し、これをチバナまたはツバナと称し、強壮薬に供し、子供はこれをしゃぶり遊ぶ。成熟した穂は絹毛に包まれた小花を密集して長さ10cm位になる。

2012年5月　赤塚

チゴユリ　ユリ科

　稚児百合と書く。同類中最も丈低くうつむき気味に花をつけ、花は完全には開かない。その可憐で小形の花に基づいて名付けたものである。

　北海道から本州の丘陵地林中に群生する多年生草本。葉は互生し、4〜5月ごろ茎の先に1〜2の白花をつけ、花びらは6枚。花後に丸い小さな果実を結び、熟して黒くなる。長野県を中心とした地方の山地にはオオチゴユリを産する。またキバナチゴユリがある。

2016年5月　北海道

2016年5月　北海道

チチコグサ　キク科

　ハハコグサに対して細身の葉で先端の花は地味な茶褐色の容姿から命名。1970年代ごろに熱帯アメリカ産で日本在来のチチコグサに似た草が野生化して繁殖。葉の表面は濃い緑色で光沢があるが裏側は白い綿毛を密生するのでウラジロチチコグサと命名されている。なお似た種類の外国産のタチチチコグサ（葉の表裏が白っぽい）や、チチコグサモドキ（葉先が丸いのが特徴）やウラベニチチコグサ（蕾に赤味があるのが特徴）等の帰化植物の交雑種が混在している。

ウラジロチチコグサ　2015年4月　練馬

チチコグサモドキ　2015年5月　練馬

チヂミザサ　イネ科

　縮み笹と書く。葉の輪郭がササの葉に似て、横に波打った「しわ」がある。これを織物の縮に見立ててこの名をつけた。

　山野の樹下に生える多年生草本。茎の下部は地面を横に這い、節から根を下ろす。質は硬く冬でも枯れない。葉は互生し、深緑色で薄く、しわがある。秋直立した茎の頂に小花をつけた花穂をつけ、花穂軸に多くの毛がある。熟すころになると芒の上に粘る露を出し、小穂を衣服等に粘着させる。一種の臭気がある。栽培種に錦笹の名で斑入り品がある。

2014年9月　練馬

ツユクサ　ツユクサ科

　奈良・平安時代には花汁をつけて染めたのでツキクサの古名で示されたが、現代でも京都の友禅の下絵描きに栽培品種の花汁が使われている。この色素は水や光に弱く色あせてしまうので、友禅染の下絵描きに用いられる。加納喜光氏はツキクサ→ツイクサ→ツユクサと訛って露草の表記が生じ、よく露を置く草という語源意識に変わったと言う。

2013年7月　練馬

　路傍、荒れ地に生える一年生雑草。昔から親しまれ、万葉集には9首読まれている。地面を這って節より発根しつつ繁殖する。枝の先端付近に左右から折りたたまれた心臓形の苞葉を生じて、その中に花一個ずつ、稀に2個同時に、早朝に開き午後にはしぼむ。果実は楕円形白色多肉であるが、乾燥すると3裂する。

2016年8月　北海道

ツリガネニンジン　キキョウ科

　釣鐘人参。花の形を釣鐘に、白く太い根を朝鮮人参に例えたもの。

　山地や高原に見られる多年草。根は白く肥厚し、茎は丸く、高さ60〜90cmにもなり、切ると白い乳液が出る。葉は多く輪生。ときに対生、または互生することもある。秋に枝先に数個輪生した小花を4〜6段つける。花は青紫色で鐘形で下を向く。乾した根は薬効（痰切）があり、生薬名は「沙参」。若芽はトトキといい、食用となり、美味な山菜の名にあげられる。「山でうまいはオケラとトトキ、嫁にやるのも惜しゅござる」という里謡がある。

2016年8月　北海道

2015年8月　北海道

ツリフネソウ　ツリフネソウ科

　釣船草と書く。ぶら下がった花の姿が花器の釣船に似ているのでこの名が付いたという。

　全国各地の山麓や水辺の湿地帯に生える一年生草本。柔らかい草本で茎はやや赤みを帯び節は膨らんでいる。葉は柄を持ち互生する。花は葉の上に花茎を伸ばしてつける。ツリフネソウの花の距（がくと花びらの後方が細長く突出した部分）は後方に長く突出し、渦巻き状になる。園芸植物のホウセンカの仲間である。

キツリフネ
2016年8月　北海道

2016年7月　北海道

ツルレイシ（ニガウリ、ゴーヤ）　ウリ科

　蔓茘枝と書く。つる性で、果実をムクロジ科の果樹レイシ（ライチー）の実に例えたものである。苦瓜は、果皮が苦いので命名。

　熱帯アジア原産で、食用に畑で栽培したり、家庭では日よけに栽培する1年生つる植物である。葉は巻きひげと対生で、巻きひげは他物に絡みつき、茎（つる）を伸長する。夏から秋にかけて同じ株に黄色の雄花、雌花を開く。果実は全面こぶ状の突起に覆われ緑色の若い瓜（果実）を収穫して食用とする。黄赤色に熟すると不規則に裂開する。種子を覆う紅肉は甘く食べられるが、果皮は苦い。

2016年8月　練馬

2015年9月　練馬

テイカカズラ　キョウチクトウ科

定家葛と書く。謡曲「定家」で、式子内親王の墓石にまとわりついていたことが定家の恋の執念のあらわれとされていることにより、この葛がテイカカズラと命名されたという。

2013年5月　練馬

本州、四国、九州の山野の暖地に多い常緑つる植物で、高く他樹にまつわり絡みつく。初夏、葉腋または頂に、白色で後に黄色に変わる香りのある花を開く。果実は袋果となり、細長いさや状となり、熟すると裂開して種子を飛ばす。垣根に絡ませ観賞用に用いられている。

2013年5月　練馬

トキワハゼ　ゴマノハグサ科

　春から夏までいつでも花を咲かせるので常盤、種がはぜるのでハゼがついた。

　日本各地に分布。庭先や空き地に生え、1年中葉が枯れない。暖かい地域では次から次へと花が咲く。トキワハゼによく似た植物にムラサキサギゴケがある。花はどちらも淡紫色の唇弁花であるが、ムラサキサギゴケは田の畔に多く、花の終わるころから盛んに出走枝を出す。花冠も大きい。

2013年5月　練馬

トキワマンサク　マンサク科

　常緑で花がマンサクに似ていることから。マンサクは豊年満作で、花が枝一杯に咲く意とも、春、他花に先駆けてまず花が咲く意とも言われる。

シロバナ　2015年4月　練馬

　中国南部、インド東北部の暖帯に分布する常緑小高木で、わが国では熊本県、静岡県、三重県に稀に分布する。近年都市部で街路樹や庭園樹として栽植されている。花は春、赤紫色花と白黄色花とがあり、美しく見事なのでもてはやされたのか。

2016年3月　練馬

ドクウツギ　ドクウツギ科

　毒空木と書く。ウツギ（ユキノシタ科）の樹勢に似ているが有毒のために名付く。

2000年1月　北海道

　北海道、近畿より東の本州の河畔や日当たりのよい山地に生える落葉低木で、小枝には4稜がある。葉は対生し、左右2列に排列して一見羽状複葉のように見える。春、葉に先立って黄緑色の小さな花を開く。雌雄同株。果実は球形で熟せば赤色となり、さらに黒紫色となる。種子、果実、茎葉等は有毒成分を含み、種子、果実にはコリアミルチンという猛毒成分がある。この成分は果実の赤色の時期に最も多く含まれる。

2000年1月　北海道

トクサ　トクサ科

　砥草と書く。砥石代用の草の意味。温湯で煮て乾燥した茎で物を磨くのに用いる。中国名は木賊で、わが国でもこの漢字を当てて「とくさ」と読ませる。

　やや涼しい地方の山間谷川辺等に自生する多年生草本。観賞用として庭に植えられている。地下茎は短く横に這い、多数に分岐し、その節から地上茎は円柱形で直立し、分枝しない。地上茎は空洞で深緑色をして、表面に溝が縦に走る。節には短い黒色の鞘状葉があり、その歯片（先のとがっている部分）は枯れ落ちやすく、下部の鞘だけが短く残る。茎には多量の珪酸塩を含み、表面は硬くまたざらつき、木材、角、骨などを磨くのに使う。

2015年3月　赤塚

2015年8月　北海道

トモエソウ　オトギリソウ科

　巴草と書く。花弁が巴状になっているところからつけられた。

　日本各地の山や野原の日当たりの良い草地に生える多年草。全体に無毛。茎は直立。50〜130cm。断面は四角形になっている。葉は柄がなく

2016年8月　北海道

対生。光に透かして見ると小さな透明点がある。花は夏から秋にかけて咲く黄色花。日光を受けて開く一日花である。

2016年8月　北海道

トリカブト　キンポウゲ科

　鳥兜と書く。花の形が舞楽の音楽を奏する人の冠の鳥兜に似ていることによる。5枚のがく片が青紫色の花弁状をなし、特に上部の2枚が丸くて大きく2枚の花弁をすっぽり納めるがくの形が鳥兜に似ている。

エゾトリカブト　2016年8月　北海道

　古くから観賞植物として栽培されている多年生の有毒植物。塊根は円錐状倒卵形で直下し、毎年その側方に同型の新しい子根を生じ、古い塊根は腐る。同じ仲間にヤマトリカブト、ホソバトリカブト、エゾトリカブトなどがある。

2014年10月　箱根

トリトマ（シャグマユリ）　ユリ科

　この名はギリシア語のトリス（3）およびトマ（切断）から名付けられている。柱頭が3裂、果実が3室、3弁膜を有することに由来するといわれている。英名トーチリリーは花茎の先端に花が穂状に咲いているさまがトーチ（たいまつ）に似ているからである。

　南アフリカ原産の多年草。日本に入ってきた時期は不明。草丈60～120cm。狭く長い多数の根生葉の間から花茎を出し、開花は6～10月。蕾の時は真紅色で開くと黄色になるので、花穂は上は赤、下のほうは黄色に見える。練馬の園芸店の庭に咲いていた。

2009年7月　練馬

2009年7月　練馬

トロロアオイ　アオイ科

　根には粘液を多く含み製紙用の糊に使われる。この粘液を含むことをとろとろにたとえたことによる名前である。

　中国原産の一年生草本。茎は一本で直立し、葉は掌状に5～9片に深く裂け、裂片は細長い。花は夏から秋にかけ茎の頂上に淡黄色花を横向きに開く。朝開花し夕方にしぼむ1日花である。トロロアオイによく似た花を開くオクラは、葉が心臓形で3～5浅裂して若い果実を食用に利用している。

オクラ　2015年8月　北海道

トロロアオイ　2009年8月　北海道

オクラ　2015年8月　北海道

ナガミヒナゲシ　ケシ科

　長実雛芥子と書く。ヒナゲシに似て花後の果実のけし坊主が長いのでナガミヒナゲシと命名された。

　ヨーロッパ原産の帰化植物で、観賞用植物として江戸時代にもたらされた。ヒナゲシよりも小形のサーモ

2015年5月　練馬

ンピンク色の花を咲かせる。近年急速に野生化して分布を拡大させている。非常に小さなもののたとえに「けし粒ほどの」ということがある。これはケシの種子が小さいことに由来。けし坊主の中には1,000から2,000粒の種子が入っているので、いかに繁殖力が強いかがうかがわれる。コンクリートによってアルカリ性になった家の傍の土壌を好むともいわれている。根から他の植物の芽生えを阻害する物質を出し阻害活性が強いとされている。このような性質は帰化植物には少なくない。

2015年5月　練馬

ナナカマド　バラ科

　7度かまどに入れても燃え残るという意味。

　日本各地の低山から亜高山帯に生える落葉高木または低木で、葉は互生羽状複葉。花は初夏に灰白色花を開く。北海道では秋の紅葉と赤い果実の美しさを観賞するため並木として用いられている。

2016年5月　北海道

2016年8月　北海道

ナンテンハギ（タニワタシ、フタバハギ）マメ科

　南天萩と書く。葉がナンテンの葉に似ていて花はハギに似ているため。双葉萩は２小葉のため。谷渡しは時に茎が弱く伏せることがあるので谷川べりに横たわるという意味であろうかと牧野博士は言う。

　各地原野に生える多年生草本。茎は直立または斜上する。葉は互生し、一対の斜めに開く小葉をつける。夏から秋にかけて葉腋から花軸を出し、紅紫色の蝶形花を開く。若葉を山菜として、茹でて和え物、揚げ物、三杯酢などで食べると乙な味がするという。

2015年8月　北海道

ニガナ　キク科

　苦菜と書く。茎葉を傷つけると白い乳液が出て、なめると苦いことからついた。「菜」は古くから食べられる草の意。

　北海道から九州までごく普通に見られる多年草である。花茎につく葉は基部が茎を抱いている。根際の葉は複雑な形に切れ込んで何枚かついている。いずれにしても葉は互い違いにつく。花は普通黄色だが、白色もある。花びらだけの舌状花。花びらは大体5～7枚であるが、この仲間には花びらの数、茎葉の形などの変種が多い。

2018年6月　北海道

2018年6月　北海道

ニセアカシア（ハリエンジュ）　マメ科

　ニセアカシアの名は学名に由来する。Robinia Pseudoacasia L ロビニア（属名）は人名から。プセウドアカキア（種名）は偽のアカシアという意味だと並木和夫氏は述べている。すなわちアカキア→アカシアに変化し

2013年5月　群馬

た。牧野博士はエンジュに似て針（托葉が変化）があるからハリエンジュを標準和名に採用した。

　北米原産の落葉高木で、明治10年ごろ渡来。初め砂防工事中にがけ崩れ地に植えられ、寒冷地にもよく繁殖し、成長が早く、薪炭用としても経済性がよかった。5月ごろに白色の蝶形花を藤の花の房のごとく垂下し、芳香が強く蜜が豊富である。養蜂家がこの花を追い求め移動する。真のアカシアは熱帯各地オーストラリア原産で寒さに弱い。

2013年5月　群馬

ニワゼキショウ　アヤメ科

　庭石菖と書く。サトイモ科のセキショウの葉に似ているが、小型で庭の芝生の中に現れるのでニワゼキショウと命名。
　北アメリカ原産の高さ10〜20cmの多年生小草本。明治20年ごろ観賞用として日本に持ち込まれ、初めは植物園にあったが今では各地の庭園の芝生に雑草として野生化している。5〜6月に淡紅紫色の一日花を次々に開く。今では多くの系統があり、草丈の大きいオオニワゼキショウは園芸用に持ち込まれたものが野生化。北アメリカには約150種ある。セキショウの葉を揉んでみると、すっきりとした良い香りがするが、ニワゼキショウの葉にはこのような香りはない。

2013年5月　練馬

ヌスビトハギ　マメ科

　盗人萩と書く。牧野博士は花がハギに似ていて、泥棒が室内に侵入するとき足音のしないように足の裏の外側を使って歩く、その足跡に豆果の形が似ているのでこの名が付いたと言う。高橋勝雄氏は、昔の盗人は目星をつけた人にとりついて金品を奪ったが、この実がそっと人の服にくっつく様を盗人とみなしてこの名がつけられたと言う。

　各地の山野の林下に多く生える多年生草本。根は硬く木質である。茎は直立または斜上し、紫黒色となる。葉は互生し、3出複葉。秋に葉腋から長い花軸を出し、淡紅色あるいは白色の小形蝶形花をまばらにつける。果実は2節からなる節果で表面に短い鉤型の毛があり人の衣服や動物の体毛について運ばれる。近年北米原産のアレチヌスビトハギが増えている。節果は4～6なので見分けがつく。

2015年10月　赤塚

ネコヤナギ（エノコロヤナギ、カワヤナギ）　ヤナギ科

　猫柳は花穂を猫の尾になぞらえたもの。エノコロヤナギは犬の子の柳という意味でこれも花穂を犬の尾になぞらえたもの。カワヤナギは水辺に生えるからである。

2015年3月　赤塚

　山の渓流の近くや河川のふちに生え、時には人家にも植えられる雌雄異株の落葉低木である。早春葉が出る前に枝先に着く花穂は、ふわっとした絹毛の感触で姿も名もかわいい。季節の生け花の良い材料として用いられる。

2014年3月　赤塚

ネナシカズラ　ヒルガオ科

　根無葛と書く。種子は地中で発芽。根を下ろす根冠も根毛もない不完全根で、茎が被寄生植物に付着すれば直ちに根を失ってしまい、水や養分は被寄生植物から得るつる植物なのでネナシカズラと命名された。

　北海道、本州の山野に生える一年生の寄生植物で、多くは木の上に寄生し、葉はない。茎は針金状のつるをなし、初めは地上に生えるが後にすぐ被寄生植物にまつわりそこから養分を吸収して成長する。つるは黄色を帯び、時には褐紫色になる。夏から秋にかけて白色の小さい花を多数集めてつける。果実は卵形。成熟すると上部のふたが取れ中に少数の種子がある。まれにつるが緑色の変種があり、ミドリネナシカズラという。

スライドより

ノイバラ（ノバラ）　バラ科

2015年5月　練馬

　野茨と書く。野外に生えるバラの意味。イバラというのは元来とげのある低木の総称。

　日本各地の原野、河岸等の日当たりの良いところに生える落葉性の小形低木。幹は半直立し分枝し、枝には鉤型のとげがあり、これによって他物に寄りかかって登る。葉は5～9枚の小葉からなる羽状複葉である。花は5～6月ごろ枝先に白色花が密集して開き芳香を放つ。果実は小さく球形で秋に赤くなり落葉後も残る。本種は大変丈夫なので、園芸品種のバラの繁殖用台木として用いられる。

2015年10月　練馬

ノキシノブ　ウラボシ科

　軒忍と書く。本種がしばしば屋根の軒端に生え、乾燥にも耐え忍ぶ強い植物であるからである。

　樹皮上、岩上、がけ面、家の屋根等に着生する常緑性多年生草本。葉は接近して根茎上に並んで出て一見すると束生しているように見える。普通厚い革質であるが、ときには薄いものもある。乾くと縮れるほどになるが雨に会うとまた元に戻る。胞子嚢群は葉の上半部に着く。

2015年10月　赤塚

ノゲシ　キク科

　野原に生え、葉がケシの葉に似ているのでその名がある。種名 Oleraceus は栽培するという意味。食べられる植物につけられる。

　アジアやヨーロッパの熱帯から温帯に分布。わが国には古い時代に帰化したと言われる。日本の各地の道端や荒れ地などに普通に生えている越年生草本。茎や葉をちぎると出る白い乳液は苦みを持つ。茎は中空で太くて柔らかい。葉はアザミに似ているが、とげがなく、茎を抱くように付き軟らかい。春から夏にかけて黄色の頭上花を開く。ノゲシは別名ハルノノゲシともいう。これに対して秋咲きのアキノノゲシがある。花色は白または淡黄色で区別できる。葉にとげがあって荒々しい感じのオニノゲシもある。

2015年5月　練馬

2015年5月　練馬

ノコンギク　キク科

　野紺菊と書く。野や山で目に付くキクで、花の色が紺色であることから名付けられた。濃い紺色から薄い紺色まである。

　本州、四国、九州の山野に多い多年草。秋の野菊の代表的な花で、地

2015年10月　赤塚

下茎が横に這って繁殖する。深山や高地には自生しない。茎は直立分枝、葉は多数茎に互生する。晩夏から秋にかけ多数の頭花をつける。濃紫色から薄色まで変化に富んだ舌状花冠が周辺にあり、中央の管状花は黄色。変種が多く、ヤマシロギク、ホソバコンギク、北海道のエゾノコンギクなどがある。いわゆる野菊はヨメナ、ノコンギク、リュウノウギクなど、秋に咲く野生菊の総称だが、ノコンギクの場合が多い。

2015年10月　赤塚

155

ノビル　ユリ科

野に生えるヒルの意。ヒルはネギ、ニンニク等の野菜を意味する古い言葉で、辛くてひりひりすることに由来。

全国の山野や土手などに生える多年生草本で、球根（鱗茎）と種子で繁殖する雑草である。球根は広卵形または円形をして白い。茎は柔らかい柱状をして淡緑色で白粉をふいており、高さ60cm内外。下部に2～3の葉を出す。葉と茎はほぼ同質で細長い。夏の頃、茎の先端に白紫色の花が集まる。ノビルは生のまま、あるいは焙ったり、湯がいたりして味噌をつけて食べると美味。花の咲く前、養分を貯えた球根が大きく成長している頃が食用に適している。

2015年5月　練馬

2015年10月　練馬

ノボロギク　キク科

　野原のぼろ菊。頭花の開花後の様子が綿のボロが集まっている状態を思わせるとして、このかわいそうな名が付いた。

　ヨーロッパ原産で明治の初め頃日本に渡来した帰化植物で1～2年草。

2015年4月　練馬

大正時代には全国に広まり、繁殖力強く、道端、空き地、畑に生育する。春から夏に黄色花を開花するが、比較的暑さ寒さに強く、温暖な地域ではしばしば一年を通じて花がある。普通花びらのない黄色の筒状花だけで、花後白色の綿毛が風に飛ばされて分布を広げる強さがある。

2015年4月　練馬

バイケイソウ　ユリ科

　花が白梅に似て、葉が惠蘭(けいらん)（紫蘭の古称）に似ているから。

　日本各地の亜高山帯の湿った林内に自生する有毒の多年草。茎は高さ1～1.5m。葉は互生、長さ30cmぐらい。花は夏に咲き、直径2.5cmくらいで臭気がある。根茎は猛毒だが薬用とされる。

　春の出芽時はギボシと似ているので、間違えて山菜として食べ、中毒を起こすことがある。

2018年6月　北海道

2018年6月　北海道

ハイネズ ヒノキ科

　地を這うネズの意。ネズとは硬く尖った葉をもつ植物で、ネズミサシの略。針葉がネズミを刺してよく防ぐことができると言われていることによる。

　日本各地の海岸砂地に自生また植栽されている常緑針葉低木。幹は四方に分枝して広がり、大群落をなすことが多い。雌雄異株。花は4月ごろ前年の枝に開花。雄花は黄褐色で黄色い花粉を出す。雌花は緑色。果実は10月ごろ熟せば紫黒色に白粉がかかる。

2015年10月　練馬

2015年10月　練馬

ハキダメギク　キク科

　掃溜菊の意で、大正年代東京都世田谷区の暮らしのごみを掃き捨てる場所で見つかったということで名付けられた。

　熱帯アメリカ原産の帰化植物。近年都会地の道端などにみられる1年生の雑草。全体に軟らかい草質。晩春に茎の頂に白色の直径1cm以下の小さな頭花を開いてから、のち急に葉腋から盛んに分枝を繰り返して、各枝の端に小頭花をつける。なよなよとして倒れやすい。

2015年5月　練馬

2013年6月　練馬

ハクチョウゲ　アカネ科

　白丁花で丁字咲きの白花の意。

　原産地は台湾。中国、インドシナ、タイに分布。観賞用または生け垣用として栽培される常緑の小低木。多数の小枝を盛んに分枝する。若枝は黒紫色を帯びているが、古くなると樹皮は縦に裂け、灰黒色となる。葉は対生。質はやや厚く、表面に光沢がある。5～7月白色または淡紅紫色を帯びた花を開く。園芸品に花の二重のものや八重のもの、葉に斑の入ったものもある。

2018年7月　練馬

2015年5月　練馬

ハゼラン　スベリヒユ科

　牧野博士はハゼは何を意味するのか分からないが、花がまばらに咲くのを米花（ハゼ）にたとえたものかもしれないと言う。ランの名がついているが蘭ではない。赤く熟した実が目立つことから英名はコーラルフラワー（サンゴの花）という。午後の3時に咲くので三時花、三時草ともいう。

実　2015年10月　練馬

　熱帯アメリカ原産。明治初年に観賞用として導入された1年草。庭園に栽培されたときに野生化した。繁殖力が強く、塀際や駐車場、敷石の隙間などのわずかな土のある場所に生えるほど丈夫なものである。茎は直立し、30cmくらいで無毛。葉は互生し、緑色肉質で無毛。夏、茎の先で分岐し、まばらに紅色の小さな5弁花をつける。花後に丸い小さい果実をつける。

2019年6月　練馬

ハナノキ　カエデ科

　4月ごろ若葉に先立ってがく片、花弁ともほぼ同じ形で真紅色に咲き、大木で遠見が素晴らしいのでハナノキという名前が付けられた。

紅葉　2015年12月　赤塚

　主に木曽川流域の山間の湿地に自生する落葉高木であるが、自然分布は限られている。滋賀県花沢村の名木は天然記念物に指定されている。太平洋を隔てた北米東部にもあり、隔離分布の例である。しばしば栽培され、高木になっているものもある。

　雌雄異株で公園緑地の広々としたところに植えられ自然の大木樹形を作ると、花よりも紅葉が見事である。

　シキミもハナノキという場合がある。

花　2015年3月　赤塚

ハマギク　キク科

　茨城から青森までの太平洋に面した岩場や崖に自生。内陸部に自生せず、浜辺に自生するので浜菊という。

　多年草で観賞品としてしばしば栽培される。木化した茎は下部は太く低木状となり冬に枯死せず翌春その上端から新茎を出して葉を密に互生する。秋に茎上部が分枝して頂に白色の頭花を開く。中心の管状小花は黄色く、多数集まる。

2014年10月　箱根

ハマナシ（ハマナス） バラ科

　浜梨の意味。食べられる丸い果実をナシになぞらえたもので、しかも海浜性であるからである。ハマナスは、東北地方の人がシをスと発音するために生じた誤称である。前川文夫氏は江戸時代から明治にかけて東北中心にハマナスが勢力を持っていたが、昭和に入ってハマナシが勢力を得てきたと言い、浜茄子説も一考をと言っている。

2015年7月　北海道

　原産地は日本、千島、サハリン、カムチャツカ海岸。日本では太平洋側は茨城県以北、日本海側では島根県以北、北海道までの日当たりのよい海岸に自生する。花期は5〜7月で秋に咲くこともある。花は紫紅色5弁で、芳香があり、果実は朱紅色。果実はビタミンC補給の薬用として、花弁は陰干しして目薬や風邪薬とされた。根の皮は染料となる。

2015年7月　北海道

ハルジオン　キク科

　春紫苑と書く。秋咲きで赤紫色の花をつける丈の高いシオンに花が少し似ていて春咲きのため、ハルジオンと命名。

　北アメリカ原産の多年草。大正時代に園芸用として導入。丈は20〜30cmでヒメジョオンに似ているが、茎は中空。つぼみの時には枝ごと垂れ下がり、花が咲くころにはピッと上に向く。車状に円形に並ぶ舌状花ははじめ紅色で開花すると白色となる。中心には黄色の筒状化の集合体が円形をなしている。葉は茎を抱き込むような形になる。

2015年4月　練馬

2015年5月　練馬

ヒイラギナンテン（トウナンテン）　メギ科

　柊 南天と書く。ヒイラギは葉にとげがありヒリヒリ痛いから。ナンテンは漢名南天燭の転訛。トウナンテンは唐から伝わった南天の意。

　中国、台湾の原産。1680年代に日本に伝えられて、古くから観賞品として植えられている常緑低木。幹は直立し、コルク質のあらい樹皮があり、材は黄色。葉はヒイラギのような鋸葉を持ち、枝の先は傘状に開く。早春ナンテンの実の終わるころ、葉の中心から数本の花軸を抜き出し黄色の小花が開く。初夏液果は球形で熟すと紫黒色となり、表面に白粉をかぶる。葉は冬には赤銅色を交えた黄褐色の複雑な特有の色になる。

花　2019年3月　練馬

若い実　2015年4月　練馬

ヒマラヤの青いケシ　ケシ科

学名メコノプシス・グランディス。メコノプシスとはギリシャ語で「ケシに似た」という意味。ヒマラヤの高山地帯に生育するため、日本では「ヒマラヤの青いケシ」と呼ばれている。英語名は Himalayan blue poppy。

2013 年 5 月　箱根

　ヒマラヤの 3000 〜 5000m の高山で生育している多年草。平地では栽培が難しく、北海道の園芸家が日本で初めて開花に成功したという。今では各地の高冷地で成功しているようだ。写真は箱根湿性植物園にて。

2013 年 5 月　箱根

ヒマラヤユキノシタ（ベルゲニア）　ユキノシタ科

　葉の形がユキノシタに似ていて、ヒマラヤ地方に多いために名付けられた。別名ベルゲニアは属名（Bergenia）から。

　ヒマラヤ原産。多くは林間や岩の間に生育する大型常緑多年草。根生葉はロゼット状で四方に広がり、耐寒性、耐暑性強く作りやすい。多湿や排水不良には弱い。秋から冬にかけて黄葉する。花は花茎の先に多数つき、ピンク色が多いが色の濃いものや白などがある。品種によっては夏から秋に開花するものもある。

2016年5月　北海道

ヒメオドリコソウ　シソ科

　姫踊り子草と書き、小さいオドリコソウ。高橋勝雄氏は、花期の株の上のピンク色の花に混ざって、赤紫色の葉が密集してつく姿を東北地方の鹿踊りの踊り子の装束に見立ての説もあるという。ヨーロッパ、小アジア原産の小形の1～2年草。現在では東アジア、北米にも分布。日本には明治時代に侵入。1926年に初めて見つかった。おもに都会地付近に雑草となって群生してはびこっている越年生草本。茎は四角形。葉は対生で柄がある。茎の上部の葉は柄が短く密集してつき暗紫色を帯び、春、上部の葉のわきに暗紅色の小さい唇形花を輪状につける。

2015年3月　赤塚

2016年4月　練馬

ヒメジョオン　キク科

姫女苑と書く。中国に女苑という雑草があり、小さい女苑という意味である。

北米原産の帰化植物で、明治時代に入り、全国各地に分布する多年草である。ハルジオンが春に咲くのに対してヒメジョオンは初夏から秋にかけて花を咲かせる。ハルジオンと異なる点は、

2016年8月　北海道

 1. 頭花はつぼみのときから直立している。
 2. 茎を折ると中が中空でない
 3. 葉の基部が茎を抱いていない

別に姫紫苑という植物があるという。

2016年6月　練馬

ヒメスイバ　タデ科

　姫酸葉と書く。スイバは葉に酸味があることから。小さいスイバの意。

　ヨーロッパ原産で、明治の初めに日本に帰化。草地、荒れ地、畑地、路傍で、地下茎と種子の両方で繁殖する。いわゆる貧乏草の代表である。根出葉は細長く、長さ3〜6cm。茎は長さ10〜20cmで先端に細長い赤色を帯びた花穂をつける。見映えのしないものだが、大集団を遠方から見ると、花園と見誤るほどである。

2018年6月　北海道

2018年6月　北海道

ヒメツルソバ　タデ科

　姫蔓蕎麦と書く。ツルソバに似ているが、それよりも葉型や草姿が小さいので姫の名が付いた。ツルソバは草の様子がソバのようで、茎がつるになる海岸近くに生える野草。
　中国南部、チベット、ヒマラヤ原産。明治中期に観賞用の目的で導入され、関東以西の暖地で野生化し、庭先から外に伸び、道端や石垣に繁茂している。繁殖力が強い。茎はつるで横に這い、葉は卵型で紫色を帯び、中央に逆Ｖ字形の黒斑があり、互生している。花は茎の頂部にピンク色で球形の少し大きめの金平糖のような花を咲かせる。花が群生すると美しく、葉にも模様があるため、グランドカバー植物として人気がある。

2015年4月　練馬

2015年10月　練馬

ヒメムカシヨモギ（テツドウグサ　メイジソウ　ゴイッシングサ）
キク科

高橋勝雄氏は、頭花が小さいので「姫」、維新の頃の草だから「昔」、草姿がヨモギに似ることによると言う。テツドウグサは鉄道敷設のため切り開いた土地に生えた、ゴイッシングサ、メイジソウは徳川幕府から明治政府に変わったころに渡来したため。

北アメリカ原産の1年または越年生草本で、明治初年に渡来。今では全国に分布。茎は直立。葉は互生。夏から秋にかけ茎上部は分枝し、淡緑色の小さい頭花を密につける。オオアレチノギクによく似ていて区別しにくいが、ヒメムカシヨモギには目立たないながらも舌状花がある。

2015年9月　練馬

2015年5月　練馬

ヒメリンゴ（イヌリンゴ）　バラ科

　ヒメとは小さい、イヌとは役にたたないの意。小さいリンゴ、役に立たないリンゴの意。

　原産地は中国北部で、北海道、本州中部以北に自生または植栽される落葉小高木。庭園樹、盆栽、台木、樹皮は染料に用いられる。葉は互生。雌雄同株。開花は5〜6月ごろ。花は白色。果実は秋に濃紅色に熟し球形で直径0.8cm位。頭にがくの跡が残る。

　リンゴにも観賞主体の品種があり、すべてを含めてマルス（属名 Malus）と総称する。

2015年10月　練馬

2016年4月　練馬

ヒュウガミズキ　マンサク科

　日向水木と書く。日向（宮崎県）のミズキの意味であるが、牧野博士は日向の国には野生種は知られていないという。

　近畿地方北部、福井県、岐阜県、石川県の山地に自生するが、多くは観賞用の庭園樹として人家に栽培される落葉低木である。枝は細長く折れやすい。葉は互生、卵型で、小さくて薄い。花は春に葉に先立って小さい黄色花1～3個が1～2cmの穂のようになって垂れ下がる。トサミズキに似ているが、すべてにわたって小型である。

2012年4月　赤塚

ヒヨドリジョウゴ　ナス科

2016年1月　練馬

　ヒヨドリが秋の赤く熟した実を好んで食べると想像してこの名がつけられた。ジョウゴ（上戸）とは本来大酒飲みのこと。

　全国の低い山や野原や道端に見られるつる状の多年草。前年の古い茎から新しい枝を出し、細長く伸びた葉柄で他物に絡みつく。葉は互生。下部の葉は2〜3片に深く裂け、上部の葉は分裂しない。夏から秋にかけて、葉と対生の位置に花枝をつけ、ふたまた状に枝分かれして白色花を開く。花冠は5片に裂け、初めは平らに開くが、後に花柄の方へ反り返る。果実は熟すと紅色となる。人間には有毒植物といわれている。

　12月に戸外で採集してきた枝を室内で花瓶にさしておいたところ、新芽が伸びて花が咲いた。

2015年12月　練馬

ヒヨドリバナ　キク科

　ヒヨドリがなく頃（8〜9月）に花が咲くからといわれている。また灰色がかった白い花もヒヨドリを連想させる。高橋勝雄氏は火おこしの材料になるので、火取花がなまってヒヨドリバナになったと言う。

2015年8月　北海道

　日本各地の草原や、山地高原自生する多年草。高さ1〜2m。フジバカマに似ているが地下茎は横に這うことはない。葉は短い柄があって対生する。香気は少ない。

2015年8月　北海道

ヒルガオ（カオバナ）　ヒルガオ科

　アサガオと同じように早朝から花を咲かせるが、午後まで咲いているのでヒルガオと呼ばれる。「容花（かおばな）」とも呼ばれる。「容」とは美しいという意味である。

　ヒルガオは古くから日本に自生する多年生雑草である。地下茎で増える。畑を耕すと根茎がちぎれて増える。茎はつる性で他物に巻き付く。葉は互生。夏に葉腋に長い花柄を出し、頂に淡紅色の花を開く。種子はほとんどできない。もっぱら根茎で増えていく。

　仲間にコヒルガオ、セイヨウヒルガオがある。

2015年5月　練馬

ヒルザキツキミソウ　アカバナ科

　昼咲き月見草と書く。マツヨイグサは夕方から夜に咲くのに対して、昼間咲いていることから名付けられた。種名 speciosa はラテン語で美しいという意味。その名のとおり園芸植物として大正時代に北米から導入された。

2015年5月　練馬

　北米原産で現在では関東以西の日当たりの良い土地に野生化して雑草として繁殖している。花は白色または桃色。どちらも基部は黄色く染まる。つぼみの時には下向きだが、開花すると上向きに変わり、花びらをお皿のように開く。花びらは薄く柔らかく、切り花には適さない。

2015年5月　練馬

フクシア　アカバナ科

　属名 Fukushia をそのまま、フクシアの名で呼ばれている。メキシコ原産種とペルー・チリ原産種の交雑種から出発し、それ以後も数多くの原種が交配されてできた園芸種で、多くの園芸品が作られた。日本には昭和初年に渡来。原産地の気候は比較的冷涼で雨量の多いアンデスの山間部なので、園芸種も涼しく湿り気のある気候を好み、高温乾燥を嫌う。常緑低木。花は両性花で着色するがく片と4枚を基本とする花弁からなり、がくの色と花弁の色が違うものが多く非常に美しい。繁殖は挿し木。鉢物や釣り鉢に利用する。

2010年5月　練馬

ブタクサ　キク科

　英名 Hogweed（豚草）の直訳名を和名とした。

　北米原産で明治初年1870年ごろに渡来し、各地の荒れ地や道端に生える1年生帰化雑草。草丈30〜50cm。花期は7〜10月。長い穂になっているのは雄の頭花で、雌の頭花は雄の花穂の基部に2〜3個つく。風媒花で大量の黄色い花粉を飛ばし、花粉症の原因となると言われて嫌われる。戦後の焼け跡に急速に広がったため、マッカーサーの置き土産と言われている。

2016年8月　北海道

フッキソウ（キチジソウ）　ツゲ科

　富貴草も吉祥草も共にこの植物の常緑の葉と、こんもり茂る状態から、繁殖を祝う意味をあらわしている。

　全国の山や丘の雑木林や森の樹下に自生する常緑の多年生草本。庭園に植えられることもある。地下茎は横に走り白くてまばらにひげ根を出す。茎は根茎から立ち上がり、高さ30cm位になり緑色。葉質は厚手で表面は濃緑色、裏面は淡緑色である。春から夏にかけ茎の先端に雌雄分離の花穂をつけ、花は4個のがく片があり花弁はない。雄花は4本の雄しべがあり、花糸が白くて大きく密につく。下の方にはヤギの角のように二つに分岐した雌花がある。日陰にも育つので、近年ビル周辺の緑化（グランドカバー）用に使われている。

2015年3月　赤塚

2015年10月　赤塚

プルメリア　キョウチクトウ科

2009年7月　練馬

　属名 Plumeria をそのままにプルメリアと呼ばれている。インドソケイの名もあるが、原産地はインドではなくメキシコからベネズエラ、西インド諸島である。高さ4～5mの小高木ないし低木で、枝は太く多肉質で、傷口から毒性のある白い汁が出る。葉は長さ30cmの長楕円形。花は香り高く、淡紅色、赤色、白色等変化に富む。熱帯および亜熱帯では庭木とし、また公園、神社仏閣、街路樹に植えられ、Temple tree の名がある。ハワイではこの花でレイを作る。繁殖は春から夏に挿し木。越冬には15°C以上が必要。水を控えて落葉休眠状態とする。

2009年9月　練馬

ヘクソカズラ（ヤイトバナ・サオトメバナ）　アカネ科

2014年9月　練馬

　つる草で葉やつるをこすったり実をつぶすと悪臭があることからこの名が与えられた。しかしこの名は下品と考え、花の中心部が暗紅紫色の灸の跡のように見えるからヤイト（灸のこと）バナ、さらに花を天地逆にすると早乙女（田植え娘）がかぶった帽子に似ているのでサオトメバナの名もある。

　山地や野原の藪に生える多年生草状のつる植物。茎は左巻きで長く伸びて他物に絡みつく。8〜9月ごろ紅紫色の花を開花。果実は黄褐色に熟し、冬になって葉が落ちた後も茎についている。

2015年12月　練馬

ベニバナイチヤクソウ　イチヤクソウ科

　紅花一薬草と書く。一薬草とは薬効が一番あることから名付けられたもので、薬効が一つという意味ではなく、一薬多効の草である。全草乾燥して利尿薬や止血剤とし、生汁も止血や毒虫に刺されたときに薬効があるという。

ジンヨウイチヤクソウ　2018年6月　北海道

　本州中部以北から北海道にわたるシラカバやカラマツ林下の腐植葉環境に生える多年草。地下に横走する根茎があって、しばしば群生する。葉は常緑で広楕円形または楕円形、表面は光沢がある。花は初夏、20cmぐらいの花茎を出し、多数の紅色の花を下向きにつける。

　ジンヨウイチヤクソウは腎葉一薬草と書き、葉の形が腎臓に似ていることに由来する。北海道の針葉樹林の腐植葉層上に群生していた。

2016年5月　北海道

ベニバナインゲン　マメ科

　インゲンマメは昔、隠元禅師が日本に持ってきたといわれる。花色が紅色のインゲンマメの意。

　熱帯アメリカの原産で江戸時代末期に日本に渡来し、花を観賞用にしたが、現在では食用豆として栽培されている。熱帯では多年生草本になるが、わが国では北海道や高冷地でよく実るので栽培される1年生つる植物である。花は夏、朱赤色花をつけ、豆果は長さ10cm位で種子は紫色で黒い斑点がある。

2016年8月　北海道

ベニバナヤマシャクヤク　ボタン科

　紅花山芍薬と書く。シャクヤクは漢名の芍薬の音読み。

　北海道から九州にかけて分布。庭などに植えられているシャクヤクの仲間。山地の落葉広樹林の林床に生える多年草。地下茎は横に伸び太い根を出す。全体にシャクヤクより小形。茎の高さ40〜60cm。葉は三出複葉。花は初夏のころに茎の先に一つつく。花弁は淡紅色、まれに白色。園芸種に比べると花は小さく一重の半開きで、観賞的な価値は少ない。

2018年6月　北海道

2018年6月　北海道

ヘビイチゴ　バラ科

牧野博士は漢名の蛇苺に基づいてつけられた名で、蛇苺は人間は食べず蛇が食うものと考えたからであると言う。ドクイチゴの別名もあるが、食べても味がないが、毒があるわけではない。

2015年5月　練馬

原野、道端、田んぼに生える多年生のほふく草本。茎は花が咲くころは短いが、結実するころは長く地上を這い、節から新苗が出て繁殖する。葉は互生。早春に葉腋から長い花柄を持った黄色花を1個出す。果実はごく小さく赤色粒状に熟す。

2018年5月　練馬

ヘラオオバコ　オオバコ科

オオバコに似ているが、オオバコの葉が丸いのに対して、葉が職人の使う「へら」に似て、花柄ともども長大なのでこの名が付いた。

ヨーロッパ原産。江戸時代末期に渡来。日本各地の道端や荒れ地、草地に野生化した帰化植物である。葉は根生し、花柄は 10〜30cm 突き出し、頂に小さい花を多数穂状につける。花色は淡紫色又は淡黄白色。花びらはなく、穂の周りにみえる白い輪は長く伸びた雄しべである。スコットランドでは古くから薬草とされ、葉をつぶした汁を傷口に塗ると効果があるという。また根は去痰薬とする。

2016 年 7 月　練馬

2016 年 7 月　練馬

ホウキギ（ニワクサ・ネンドウ・コキア）　アカザ科

箒木と書く。秋に乾燥して箒(ほうき)に用いるため。ニワクサは庭に植えるため。ネンドウは土佐（高知県）の方言。コキアは属名 Kochia を用いたもの。

普通畑に植えられる1年生草本。外国産で、日本へは昔中国から伝えられた。茎は直立し硬く、初めは緑色で秋になると枝とともに赤色となり、多数枝分かれし、高さ1m前後である。葉は多数で互生。夏から秋にかけて枝上の葉腋に多数の淡緑色の小さい花をつける。茎を乾燥して箒として用いる。特に紅葉の美しい品種は観賞用ともなる。秋の国営ひたち海浜公園の赤色コキアの一面の写真がよく紹介される。

2015年12月　練馬

2014年9月　練馬

ホウチャクソウ　ユリ科

　宝鐸草と書く。宝鐸とは、堂や塔の四隅の軒につるす大形の鈴のこと。これに似た花をつけるのでこの名が付いた。

　丘陵の林中に生える多年生草本で、茎は直立し、上方で分枝する。5月ごろ枝の端に短い柄を持つ花が1～3個垂れ下がるように咲く。緑白色の筒状花で、花びらが内側と外側にそれぞれ3枚ずつ計6枚ある。いずれも長めの花びらで筒状をして正開せず、各片上部は緑色で下部は白色である。その花の様子が宝鐸によく似ている。花後は球状の液果を結び黒熟する。

2013年5月　赤塚

ホザキマンテマ　ナデシコ科

　穂咲きマンテマと書き、花が穂状に群がってつくことによる。マンテマの名は海外から渡ってきた当時の呼び名マンテマンの略という。

　ヨーロッパ原産。越年草の帰化植物。荒れ地や道端に群生することがある。交雑種の仲間が北海道に適応、繁殖。白花種や薄桃色花種などが開墾地や畑の淵などに繁茂している。よく似た草にマツヨイセンノウがある。

2015年8月　北海道

2018年6月　北海道馬

ホソバウンラン（セイヨウウンラン）　ゴマノハグサ科

　細葉海蘭と書く。細い葉で好んで海岸の砂地に生えるところから名付けられたと言われるが、ランの仲間ではない。

　ユーラシア原産。北海道、本州、四国などの温帯から亜寒帯に分布し、海岸の砂地に生える多年草。葉は肉質で線形、長さ2～5cm、幅2～5mm。花は茎の先に集まって横向きにつき、花冠はウンランに似て上と下の2唇に別れ、下唇の中央部は著しく盛り上がって黄色い。

2015年8月　北海道

　キンギョソウと呼ばれたこともあるが、現今のキンギョソウは観賞用に南ヨーロッパ等から輸入された別物。

2015年8月　北海道

ホタルカズラ　ムラサキ科

蛍葛(ほたるかずら)と書く。緑の草の中に点々とるり色の花が開く様子を蛍の光に例えた。葛はつる草の意。高橋勝雄氏はホタルカズラのるり色の花の背後には赤いぼかしが入っていて、これをホタルの光に見立てて「ホタルつる草」からホタルカズラになったと言う。

2013年4月　赤塚

広く日本山野に分布する多年草である。新枝は直立し、高さ15～20cm位。開花後、その基部から横に長く無花枝を出し、先端は根を下ろし、新株を作る。葉は互生し、濃緑色。冬も枯れず、両面ともにあらい毛がある。春、葉の付け根にるり色の美しい花をつける。果実は硬く、小型白色で滑らかである。

2013年4月　赤塚

マイヅルソウ　ユリ科

2018年6月　北海道

　牧野博士は舞鶴草と、葉の脈の曲がり方をツルの羽を広げた形に見立てている。高橋勝雄氏は、白い小さな花が咲き始めるときに4枚の花びらが後ろへ反転する、その姿が大空にタンチョウが舞っている姿に見える、これをマイヅルという名の由来と考えたいと言っている。

　本州中部以北の高山針葉樹の木の下に生える多年生草本。葉は心臓の形に似ている。5〜6月茎の先に白い小さな4弁花を開く。花が4枚からなるのはユリ科として異数である（普通は3枚）。液果は小球形。半熟時には紫斑があって、後に赤熟する。

2018年6月　北海道

マツヨイグサの仲間　アカバナ科
（メマツヨイグサ、オオマツヨイグサ、コマツヨイグサ、アレチマツヨイグサ）

　マツヨイグサの仲間の花は夕方になると咲きはじめる。宵を待って咲くことを表現。

　マツヨイグサの仲間には日本在来種はない。すべてアメリカ大陸からの帰化植物である。幕末の頃北米からツキミソウが渡来。白色花である。同じころ黄色花のマツヨイグサも渡来。丈夫でよく繁殖し広まった。明治初期に北米原産種がヨーロッパで園芸種に改良され、草花姿の大形のオオマツヨイグサが渡来。明治末期にアレチマツヨイグサ、メマツヨイグサが入ったが、この2種の判別は難しい。別に海浜、風の強い場所に平伏したコマツヨイグサがある。花はしぼむと赤くなる。

2015年8月　北海道

　作家太宰治が「富士には月見草がよく似合う」と述べた。この「月見草」はオオマツヨイグサかメマツヨイグサだといわれ、月見草は白花で誤りである。竹下夢二の「宵待ち草のやるせなさ」は、植物学的には「待つ宵草」である。

2015年8月　北海道

マムシグサ　サトイモ科

蝮蛇草と書く。茎（葉の鞘が茎状になっている偽茎）面のまだら模様に基づいた名。または花弁を包む苞（仏炎苞）が鎌首をもたげたマムシの姿に似ていることによる。

原野の木陰に生える多年生草本。

2016年8月　北海道

球茎はやや扁平状で、径5cm内外。子球は出ない。偽茎は普通紫褐色のまだらがあって、マムシのようである。葉は2枚で偽茎の頂部近くにあって左右に開き、鳥足状の複葉で、小葉は7〜15個、長楕円形で質は柔らかい。表面は暗緑色、裏面はやや白色を帯び、主脈が隆起している。晩春に葉間に花を出す。仏炎苞は紫色または緑紫色または暗紫色で、多くは白線が縦にある。果実は熟すると赤くなる。

2013年5月　箱根

マルバフジバカマ　キク科

　植物の形態がフジバカマに似ているが、葉が丸葉である。フジバカマの葉は三つに深く裂けていて異なる。

　北米原産で1896年に小石川植物園で栽培された帰化植物である。その中の株が箱根の強羅自然公園に贈られ、同公園の周辺に野生化した。珍しい植物で、植物園等で栽培している。

2015年10月　赤塚

2015年10月　赤塚

ミズバショウ　サトイモ科

水芭蕉と書く。水気の多い湿地に生えて葉が大きくバショウに似ていることに由来する。

本州中部以北の湿原に生える無茎の多年生草本で群れをなして茂っている。春に花は有柄の雪白色の仏炎苞に包まれて立ち、明るく美しい。仏炎苞は葉の変形したもので、花弁はなく、中の花は細小多数で棒状の花軸上に密集し、淡緑色の両性花である。葉は花が散ったあとで大きく伸びる。

2016年5月　北海道

2017年5月　北海道

ミゾソバ（ウシノヒタイ）　タデ科

　溝蕎麦と書く。溝のような湿った場所に群生し、花や葉がソバに似ていて、ソバの実に似た実をつけるところからこの名がある。別名ウシノヒタイというのは、葉の形が牛の額のようだからである。

　日本各地の原野、山路、道端などの水辺に普通に群生して生える1年生草本。茎には稜に沿って下向きの小さい刺が生えている。葉は互生。形は牛の頭を正面から見た形をしている。花は夏から秋にかけて淡紅色の小花を集めてつける。小さな花が10個ぐらいずつ金平糖のように集まって咲く。

2014年10月　箱根

ミツガシワ　リンドウ科

　三つ柏と書く。3枚の小葉をカシワの葉に見立てた。高橋勝雄氏は、3枚の小葉が三柏文様や三柏紋（家紋）に似ると言う。本種の葉は楕円形3枚の小葉である。

　北半球の寒帯、亜寒帯に分布。北海道、本州、九州の山地の沼や沢などの湿地に生える多年生の水草。葉は長い柄となり、先は3個の小葉となる。夏に葉の間から花茎を出し、白色または淡紫色の花を密生する。

　種子の化石は日本では鮮新世や沖積世の地層から多く発見されている。中国では葉を乾燥し、睡薬または瞑薬といい、睡眠薬とした。

2012年4月　赤塚

ミミナグサ　ナデシコ科

　耳菜草と書く。葉の形がネズミなどの動物の耳に似ていて、若い苗は食べられるので「菜」がつく。『枕草子』にも登場する。近年在来のミミナグサは地方山間地にしか見られず、都市周辺では外来のオランダミミナグサがごく普通の雑草として繁殖している。「オランダ」は在来種とよく似た外来種を意味し、鎖国時代この国とだけ貿易していたことからついた名である。

オランダミミナグサ　2015年3月　練馬

　ヨーロッパ原産の一年草。明治時代に侵入。全体に葉は厚くふくらみ、黄白色の産毛のような毛がいっぱい生えている。葉に触ると、まるで耳たぶに触っているような感触である。葉は対生、長楕円形で長さ2cm。茎の下方の葉はへら形で小さい。花は春から夏、茎の先にハコベに似た白色の小花を咲かせる。

オランダミミナグサ　2016年4月　練馬

ミモザアカシア　マメ科

　一般にミモザで通用しているが、ヨーロッパではミモザアカシアの名で呼ばれている。日本名は房アカシア、花アカシアあるいは銀葉アカシアなどと呼ばれている。

　オーストラリア原産。日本には明治初年に入った。関東南部以西の暖地に繁殖する常緑高木で、庭園や公園に、また街路樹としても植えられ、切り花にも用いられる。幹は直立分枝し、高さ15mぐらいになる。葉は2回羽状複葉して小葉の裏面は銀白色をしている。雌雄同株。開花は2～4月。花は濃黄色で芳香があり、香水の原料となる。6月下旬には豆果が紫褐色に熟す。

2018年3月　練馬

ムシトリナデシコ　ナデシコ科

　花が小さいナデシコ形であり、葉の下の茎に下から登ってくる虫を阻止する役目を持つ粘液を出すが、粘液で昆虫を捕らえるものと想像されたことによる。

　ヨーロッパ原産。1年生、または多年生草本。日本へは江戸時代末期に渡来。観賞用に庭園に栽植されたが、今では野生化し、海岸付近の砂地に多い。葉は対生。花は晩春に咲き紅色。ときに淡紅色や白色花がある。

2016年8月　北海道

2015年5月　練馬

ムラサキケマン（ヤブケマン） ケシ科

　花が紫色をしていて仏殿の装飾の華鬘(けまん)のようであるため。華鬘は仏具の一つで金属・木材・牛皮などのうちわ型の板に花鳥や天女像などを浮き彫りにしたもので、仏前、欄間などの装飾具。元々は生花の花輪であった。

　山麓地帯や道端、草地に生える柔らかな感じの越年生草本。秋に生える。地下茎は小形で多肉。茎は直立し、葉は羽状に細かく裂け柔らかい。春にこずえが分枝し、茎の上部には筒状の唇型花を横向きに多数咲かせる。花後結実すると夏には枯れてしまう。アルカロイドを含む有毒植物で、傷つけると黄色汁を出し、少し悪臭がある。

2015年4月　練馬

ムラサキハナナ（ショカッサイ）　アブラナ科

花が紫、茎も紫を帯びて、食べられるアブラナの仲間であることからこの名がある。ショカッサイは諸葛菜と書き、中国三国時代の蜀の軍師であった諸葛孔明が占領地に食料として栽培させたことに由来。別名ハナダイコンともいう。

2013年3月　練馬

中国原産。昭和14年ごろ日本の学者が南京郊外で採取。線路の土手や道端によくみられる。稲垣栄洋氏によれば江戸時代に園芸用の観賞植物として日本に持ち込まれたが、戦後になって雑草化したという。

2016年4月　練馬

メヒシバ タデ科

雌日芝と書く。雄日芝に似ているがよりしなやで柔らかく、やさしい感じがするという意。日芝とは日当たりの良いところによく繁茂する草の意。

2016年8月　練馬

国内の各地に普通にみられる1年生草本。畑、路傍、人家の周辺、いたるところに繁殖するので雑草の女王ともいわれている。茎の下部は地を這って分枝し、節から根を出して広がる。葉は線形で薄い。茎の先に枝を3〜10本放射状に広げ、淡緑色または紫色を帯びた小穂が密生する。

2015年9月　練馬

ヤエムグラ　アカネ科

八重葎（むぐら）と書く。茎が枝分かれして幾重にも重なりあって茂るためである。葎はつる草の名で、はびこって藪になるつる草の意。

百人一首に『八重むぐら しげれる宿の さびしきに 人こそ見えね 秋は来にけり』

2013年4月　練馬

と詠われているのは、ヤエムグラではなく、カナムグラという別種。ヤエムグラは春から夏にかけて生い茂る。歌の詠まれた秋には枯れている。

わが国ではいたるところの畑地や家の近くなどに生える1～2年草。茎は四角張り、稜に沿って細い逆向きのとげがあり、他物に寄りかかって斜上。葉は長さ1～3cmで数個ずつ茎に輪生する（実際は2片が正規の葉で、他は葉状托葉）。輪生葉を切り取って勲章として胸などに張り付けて遊ぶことから「勲章草」とも呼ばれる。葉のへり及び下面にも逆刺がある。花は夏、葉腋から出た枝先に淡黄緑色の微細花をつけ、果実は小粒状で2分果がくっついていて、表面にかぎ状のとげがあって、衣服などにつく。

2013年4月　練馬

ヤクソウ キク科

深津正氏はこの草の古い朝鮮語の「ヤクチャイ」から訛化したものではないかと推測している。頭花の下の苞葉の形が薬師如来の光背に似ている説、食べると苦いので昔薬効があると思われて薬師草と名付けて用い

2015年10月 赤塚

た名が残ったという説、または奈良市の薬師寺のそばで発見された説等がある。

日当たりの良い山地や道端に生える越年生草本。茎は直立するが、繁るとよく分枝し、赤紫色を帯びることが多く、倒れやすい。葉は互生。葉柄はなく、葉の基部は後方に突き出し、切ると白色の乳液を出す。8〜10月ごろ枝上に多数の頭状花をつけ、全部黄色の舌状花が丸く展開、晩秋の頃までにぎやかに花を咲かせる。

2015年10月 赤塚

ヤグルマギク　キク科

　矢車菊と書く。周辺花の状態を矢車に例えたもの。一般に「矢車草」と呼んで栽培し、切り花として用いられているが、植物学では「ヤグルマソウ」は別種。

　ヨーロッパ東部および南部原産の1年草または越年草で、観賞草花として栽培される。茎は白綿毛をかぶる。葉は互生し、初夏から秋にわたって咲くが、花屋では温室栽培のものが春に出まわる。頭花は色様々の品種があり、管状花からなるが、周辺のものは大形で、一見舌状花にみえる。花冠の大小、草丈の高低など品種の差がある。寒地では春播きとして夏より秋に開花させる。暖地では秋播きとする。

2018年5月　練馬

ヤハズソウ　マメ科

　葉の先をつまんで引っ張ると、支脈に沿ってきれいに切れる。その切り口が矢筈（矢の弦を受ける部分）に似ていることによる。

　日本各地の野原や道端に生える1年生の小形草本。茎は多数分枝する。葉は互生で3枚の小葉に分かれる。夏から秋にかけて葉腋に淡紅色の小さい花をつける。外国では牧草として利用されているそうだが、日本では実用化されていない。

2015年10月　練馬

2015年10月　練馬

ヤマハハコ　キク科

2015年8月　北海道

　山に生え、茎の産毛が母子を包んでいるように見えることによる。種子の綿毛が「ほうけだつ」ことからとか、あるいは「葉の毛がほうけだって見える」ことから転じてヤマホウコというとか、腹這いの白色の人形「這う子」に由来するホウコグサがヤマホウコになったという説もある。

　高山や高原の草地に生える多年草である。崩壊地などに群生することもある。茎は直立し高さ60cm内外、白い綿毛に覆われる。葉は互生。表面は深緑色、裏面は綿毛を密生して白色となり、ふちを巻き込む傾向にあり、厚味がある。夏、茎の頂に多数の白色の頭花をつける。総苞は白色、中央の小花は淡黄色である。頭花をドライフラワーにする。

2015年8月　北海道

ユーカリノキ　フトモモ科

　牧野博士によれば明治 10 年ごろ日本に渡来し、その時はこの名前を属名 Eucalyptus に基づいて有加利樹(ゆうかりじゅ)と書いたという。現在はユーカリノキと呼んでいる。

　オーストラリア原産の常緑高木。幹はまっすぐにそびえたち、100m 以上に達し、よく分枝する。あまり横に枝を広げない。老樹の樹皮はよく剥げ落ち、後に滑らかな灰色の肌を見せる。葉は厚くて硬く、内部に小油点が散在し、異臭がある。夏、葉腋に緑白色の花を 1 個ずつつける。果実は倒卵状で表面はざらざらして堅い。公園緑地や広い道路の街路樹に植えられる。成長が早いので即席緑化樹として植えられたが、台風で倒れやすいので今ではほとんど新植されない。

2015 年 12 月　赤塚

ユウゼンギク　キク科

　友禅菊と書く。明治中期に栽培用に輸入した際、花の色が変化に富んでいるので、「友禅染めのように美しい菊」から名付けられたという。

　北米東部の原産。観賞用として栽培されていたのが野生化して、道端や平地の草原、林のふちなどに生える多年草である。葉はやや厚く、両面に少し硬い毛があり、ざらざらしている。秋に茎上部で小形の葉をつけた枝が分かれ、紫色の頭上花を開く。

2015年10月　赤塚

ユキザサ（アズキナ）　ユリ科

　雪笹。葉の形がササに似ていて、花が降りしきる雪を思わせるから。

　日本各地の林内の少し湿ったところなどに、よく固まって生えている。地下茎は横に長く伸び、節から多数の根を出す。茎は直立し、上部は斜めに曲がり、葉は互生。6月に茎頂に白い小さな6弁花を密集して開く。果実は丸く直径約5mmでルビー色に熟す。

　若菜は山菜となる。ゆでたとき小豆に似た香りがするので別名アズキナと呼ばれる。

2016年5月　北海道

ユスラウメ　バラ科

　牧野博士は枝を揺さぶって果実を落としてとるのでこの名がついたと考えているという。ユスラウメの「ユスラ」は中国、朝鮮半島での「イスラ」、移植するということからきているという説もある。

2019年3月　練馬

　中国東北部の原産。日本には17世紀以前に渡来したという。現在では広く庭園に植えられている落葉樹。木の高さは3mぐらいにもなり、多くの枝に分枝し、葉は枝上に密生して互生。春、葉よりも先に、あるいはほとんど新葉と同時に花を開く。花は白色または淡紅色の小花を多数つける。核果は小球形で赤く熟して光沢があり、生で食べられる。現在では食用というより観賞用として家庭に植えることが多い。

2015年5月　練馬

ヨツバヒヨドリ　キク科

ヒヨドリがなく頃花が咲くことにちなんでつけられた。「ヨツバ」は葉が主に4枚輪生することに基づく。高橋勝雄氏は、「ヒヨドリ」は「火を取り」がなまったもので、乾燥した花殻や葉を火打石で火を取るのに使う「火を取る花」の意と言う。

2015年7月　北海道

　本州中部以北の高地や北海道の湿原に生える多年草。茎は数本群れ立ち、あまり分枝しない。葉は3～6枚輪生し、無柄で、夏から秋に灰色がかった白い頭花を密につける。ヒヨドリバナの変種。

2015年7月　北海道

リュウノウギク　キク科

　竜脳菊と書く。茎や葉に含む揮発油が竜脳香の香気に似ているから。
　福島、新潟県以西の本州、四国、九州の一部に分布し、日当たりのよい低山に生える多年草。秋に茎の頂に白色黄芯の頭花をつける。舌状花は淡紅色を帯びるものもよくある。

2014年10月　箱根

ルコウソウ　ヒルガオ科

　縷紅草と書く。「縷」は「糸」の意で葉の形態か。留紅草と書くこともある。またモミジバルコウソウと区別して俗にこれを細葉ルコウソウともいう。

　熱帯アメリカの原産で古くから観賞用に栽培されている。1年生のつる草で、今では本州中部以西で野生化している。葉は互生で羽状に裂けて美しく、涼しさを感じさせる。夏に葉腋に美しい赤い花を開く。まれに白花もある。サツマイモの近縁種である。マルバノルコウソウ、モミジバルコウソウがある。

2015年9月　練馬

2015年9月　練馬

レンゲショウマ　キンポウゲ科

花がハスの花に似ていて、葉がサラシナショウマなどショウマ類に似ていることからつけられた。

2016年8月　北海道

福島県から奈良県の山中の樹下に生える日本特産の多年草。高さ40〜70cm。葉は両面無毛。花は夏、茎の上部に長い花枝を分枝し、直径3.5cmの花を下向きにつける。

大好きな花なのに最近は蕾にしか巡り合えず、知人の山中捷一郎氏の写真をお借りした。

山中氏より

2016年8月　北海道

ワスレナグサ　ムラサキ科

　英名の Forget me not（私を忘れるな）からきている。ライン川のほとりを愛し合っているカップルが歩いていたとき、ワスレナグサが咲いていた。花を取ろうとした男性は川に落ちてしまう。流れにのまれそうになったとき、この花を彼女に投げ、「私を忘れるな」と叫び、消えてしまった。それでこの草の名がついたという。

　ヨーロッパ原産。近年各地に自生状にみられるものがあるが、欧州からの帰化植物である。茎はまばらに分枝し、しばしば基部から長く地を這う枝を出す。花は青空色。

2016 年 4 月　練馬

ワルナスビ　ナス科

　茎に鋭いとげがあり、除草に手を焼く。地下茎で繁殖して繁殖力が強く、根絶しがたい雑草である。迷惑なナスに似たものというのでワルナスビと牧野博士が命名。

2016年6月　練馬

　北米原産。明治時代に牧草に交じって侵入して、広まった多年生有害帰化植物。茎には鋭いとげがあり、地下では白色の地下茎を伸ばし繁殖する。葉は互生、葉の裏にもとげがある。初夏、節間に花序をだし、白色または薄紫色の花を開く。果実は球形で熟すと橙黄色に熟す。有毒植物で牧草に混ざると家畜が中毒を起こす。

　ナス科の植物には連作習性があるが、ワルナスビには連作や病気に強い性質があるので、ナス科の植物の接ぎ木の台木に使われるという。これを行えば連作障害や病気を防げる。

2016年6月　練馬

あとがきに代えて

　2013年87歳の時、夫は初めての写真集『わたしの植物手帖』を自費出版しました。皆様から暖かいお祝いのお言葉を頂き、大変幸せそうでしたが、やがてその反動とでも言いましょうか、体調を崩してしまいました。やはり植物と写真が何より好きで、目標を失ってしまったのです。すでに外出は車いす生活になっていて、思い通りの写真を撮ることはできませんでしたが、それでもやっぱりもう一度写真集に取り組むことが、老後を楽しく元気に過ごす上で、なによりの薬だと思って、続編を作ることにしました。

　それから5年余り、大腿骨を骨折したり、肋骨の骨折から血胸、肺炎を起こしたり、眼底出血で左目の視力が落ちたり、満身創痍ですが、最後の力を振り絞って、どうやら原稿ができました。気力や集中力が続かず、北村様にずいぶん助けていただきました。

　ボランティアを卒業して、全面協力するはずだった妻の私も、同じだけ年を取って能力の衰えが甚だしく、出来上がりが遅くなってしまいました。

　今回は撮影場所が、住まいのある練馬区光が丘周辺のほか、板橋区の赤塚植物園、箱根の湿性花園、北海道帯広市近郊の一帯、特に「六花の森」などに限られてしまいました。娘の家の離れを自由に使わせてもらって、2、3週間滞在しては電動車椅子で走り回るのは、もう旅行の難しくなった私たちには何よりの楽しみでした。

　決して満足のいく出来栄えではありませんが、93歳になった夫が、元気に過ごしている証として、親しい方々にご覧いただければと思っています。さて続々編もできるでしょうか。

　　　　　　　　　　　　　　　　　　令和元年9月　下山當子

[参考図書]
原色牧野植物大図鑑（離弁花・単子葉植物編）北隆館
改訂版原色牧野植物大図鑑（合弁花、離弁花編）北隆館
野草大図鑑　北隆館
野草の名前（春・夏・秋冬）　高橋勝雄著 山と渓谷社
植物の名前の話　前川文夫著 八坂書房
植物和名語源新考　深津 正著 八坂書房
植物和名の語源　深津 正著 八坂書房
植物和名の語源探求　深津 正著 八坂書房
植物学のおもしろさ　本田正次著 朝日新聞社
植物ごよみ　湯浅浩史著 朝日新聞社
花おりおり　湯浅浩史著 朝日新聞社
植物名の由来　中村 浩著 東京書籍
ワイド版散歩が楽しくなる雑草手帖　稲垣栄洋著 東京書籍
植物の漢字語源辞典　加納喜光著 東京堂出版
植物観察事典　室井綽・岡村はた共著 六月社
雑草の呼び名事典　亀田龍吉著 世界文化社
雑草の呼び名事典（散歩編）　亀田龍吉著 世界文化社
山野草の呼び名事典　亀田龍吉著 世界文化社
北海道の野の花　谷口弘一・三上日出夫編 北海道新聞社

［著者略歴］
1926 年 群馬県下仁田町馬山に生まれる
1945 年 群馬県立富岡中学校卒業
1949 年 東京高等師範学校（現筑波大学）理科卒業
1949～1954 年 都立町田高校教諭
1954～1987 年 都立目黒高校教諭
1987～1988 年 都立成瀬高校嘱託員
1988～1989 年 都立青山高校嘱託員
1989～1992 年 都立八王子東高校嘱託員

続・わたしの植物手帖
―植物の名前の由来めぐり―

2019 年 9 月 20 日 初版第 1 刷印刷
2019 年 10 月 7 日 初版第 1 刷発行

著者　　下山 寅雄
編集　　北村正之
図書設計　吉原順一
発行所　株式会社 三恵社
　　　　〒462-0056 愛知県名古屋市北区中丸町 2-24-1
　　　　TEL 052-915-5211　FAX 052-915-5019
　　　　URL http://www.sankeisha.com
印刷・製本　株式会社 三恵社
ISBN 978-4-86693-132-6 C0045